制御工学テキスト

加藤 隆［著］
Katou Takashi

まえがき

1970年代に誕生したマイクロプロセッサは，制御技術をアナログ制御からディジタル制御へと変遷させるインパクトを与えた．その結果，応用が危ぶまれていた現代制御理論が実システムへ応用できるようになり，しかもシステムの解析/設計に発揮できるようになった．また，新しい制御技術や制御理論も芽生え，その一例としてファジィ制御，ニューラルネット，ロバスト制御，H_∞制御などをあげられる．しかし，未だに多くの制御技術現場では古典制御理論を駆使した解析/設計法が多く用いられている．

理論体系としての制御理論は古典制御理論と現代制御理論の2構成をなしている．そこで，現代制御理論に関する講義は，大学院で開講する傾向がつよく，学部では，4単位あるいは2単位構成の「自動制御」あるいは「制御工学」の科目名で開講しているところが多い．これらの学部レベルの科目では，フィードバック制御を中心にした古典制御理論を主に講義している．本書もフィードバック制御を主に講義した内容をまとめたものであり，ラプラス変換，過渡応答法，周波数応答法，安定判別法，根軌跡，そして制御系の設計法について各章ごとに整理した．

本書は，高専や大学の理工学部で制御工学を学ぶ学生，また独学で古典制御理論を勉強しようとする技術者に対しても基礎から理解できる内容で記述した．しかも，各章および各項ごとに例題，練習問題もできる限り多くとり入れたつもりである．この書で制御理論を学ぼうと考えている人々の一助になれば幸いである．

最後に，本書を執筆するに当たり，巻末の参考文献にあげた多くの著書を参考にさせて頂いた．ここに，これらの著者に対して深く感謝する次第である．

また，筆者の浅学非才により，誤った記述が多々あるかも知れない．そのときは，これはひとえに筆者の責任であり，読者の叱正をお願いする次第である．

また，この書が誕生できたのも本学名誉教授川元修三先生のおかげであり，この紙面を借りて深く感謝を申し上げる．また，編集および校正でお世話を頂いた日本理工出版会編集部責任の海和豊氏の労に対し心からお礼を申し上げる．

1997年10月

著　者

目　　次

第5章 フィードバックシステムの応答

第6章 システムの安定判別法

第7章 根軌跡法

第8章 フィードバックシステムの設計

第 1 章

制御の基礎概念

制御理論は，演算子法を基礎にした「古典制御理論」と状態空間法を基礎にした「現代制御理論」が 1960 年を境にして体系的に確立された．本書では前者の古典制御理論，中でもフィードバック制御システムを中心に述べる．

最近は，「**制御工学**（control engineering)」という用語が「**自動制御**（automatic control)」よりも一般的に使われている．両者の内容はまったく同じで時代の感性からくる相違によるものである．

1·1 制御とは

制御（control）とは「ある目的に適合するように，対象となるものに所要の操作を加えること」と定義されている．また，岩波書店の広辞苑では，

「1）制し御すること．2）おさえて自分の意志のままに動かしてゆくこと．3）機械や設備が目的にかなう動作をするように調節すること.」

と書かれている．以上のことからも制御の意味する内容が理解できよう．

図 1·1 に示すように，蛇口から水槽に水を入れ，目標水位で水位を一定にする場合を考えてみよう．一般的に，人間は目で水位を常に監視し，頭脳で目標値と比較/判断を行い，その結果の差によって手で蛇口弁を操作することで水槽に入る水量を制御する方法をとる．そのときの状態を図示化すると**図 1·2** のように検出 → 比較 → 判断 → 操作を順次繰り返して行うであろう．

図 1·3 は図 1·1 を具体的に示した図であり，**ブロック線図**（block diagram）という．そこで，図 1·3 に対応する**図 1·4** は，人間の目の代わりに検出器，頭

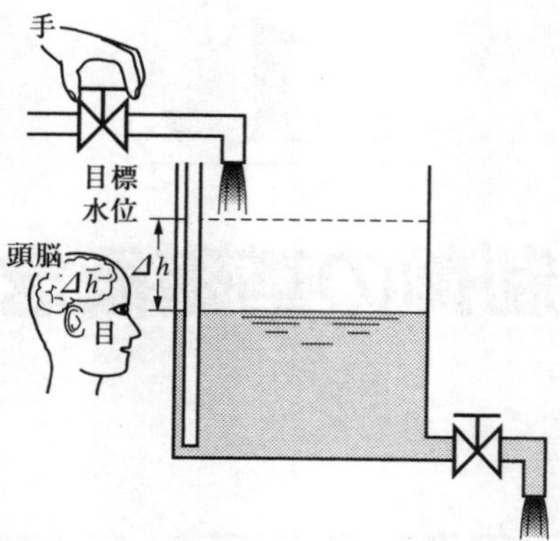

図 1・1　水位の制御

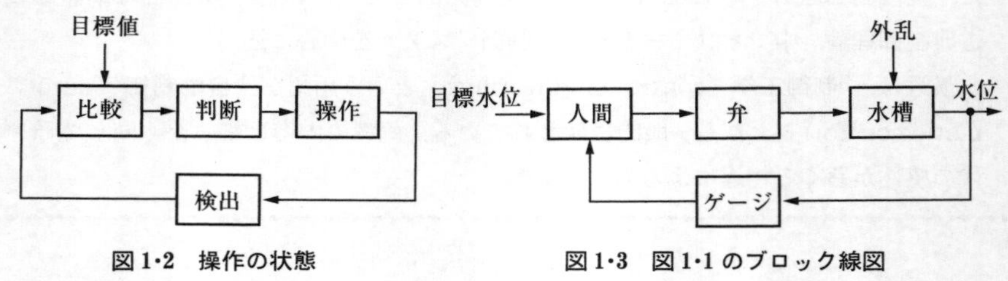

図 1・2　操作の状態　　図 1・3　図 1・1 のブロック線図

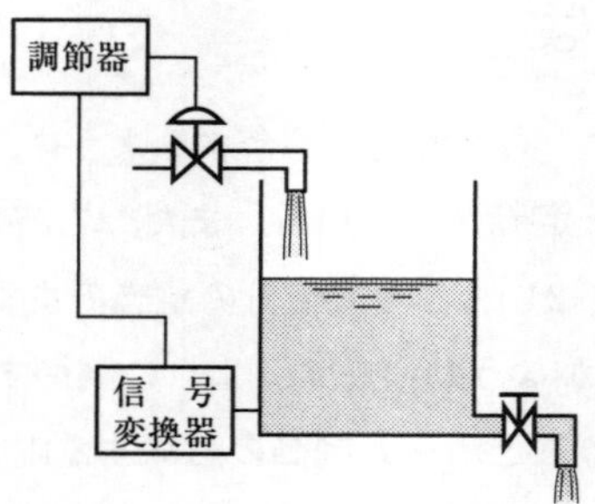

図 1・4　水位の自動制御

脳の代わりに調節器，そして手の代わりに自動操作弁を用いて自動的に水位制御を行わせるようにさせたときの図である．そのときのブロック線図を**図 1・5** に示す．

このような方法で行う制御を自動制御，あるいは**フィードバック制御**（feed-back control）という．

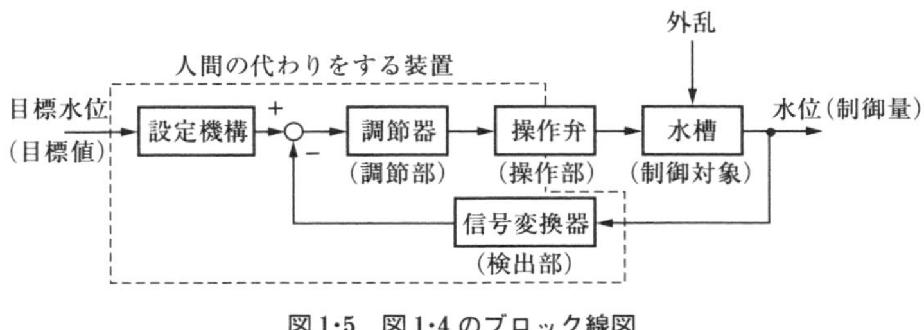

図1·5　図1·4のブロック線図

例題 1·1　**図1·6**に示す水槽の水位制御装置のブロック線図を示せ.

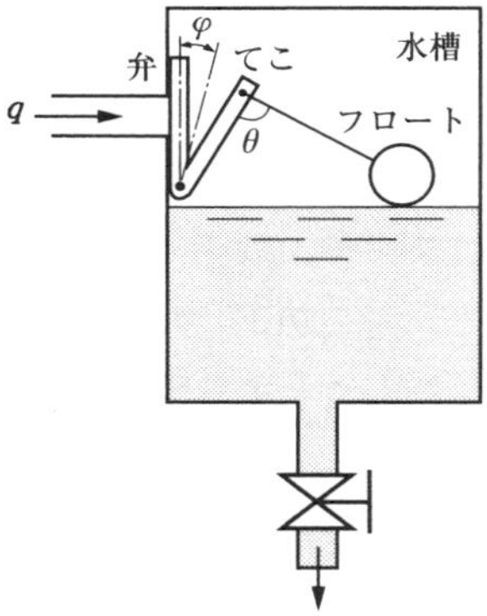

図1·6　水位制御装置

(解)

水位制御装置の各部分は

目 標 値：希望水位（てことフロートの角度θ）

調 節 部：てこ

操 作 部：弁

制御対象：水槽

検 出 部：フロート

となることから，図1·5のブロック線図に示すと**図1·7**のようになる.

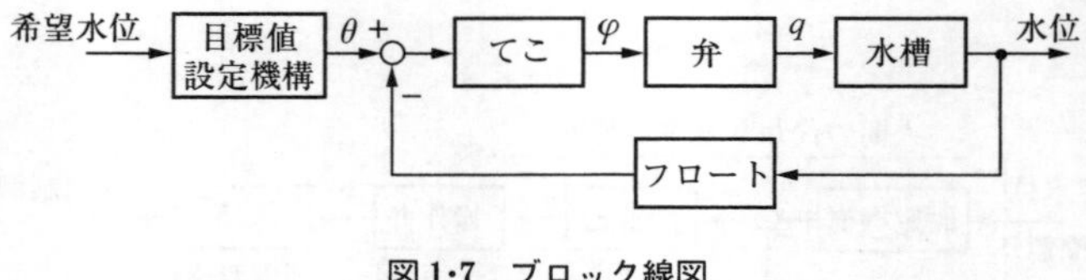

図 1·7 ブロック線図

1・2 自動制御の歴史

人間は常にエネルギを最小にし，利益を最大にする方法を考える．その一例として，道具の開発をあげることができよう．

道具は人間がもつ機能拡大，あるいは拡張のために考え出されたものである．五感機能の拡張道具としてはセンサや望遠鏡，顕微鏡などをあげることができる．また動力機能の拡張に対応する道具としては，自然エネルギの利用と自然エネルギを加工した駆動エネルギ利用の 2 種類による道具の分類ができる．前者の道具としては，水車，風車などをあげることができるし，後者に対しては蒸気機関，内燃機関，電動機あるいは原子力などをあげることができよう．

1788 年に J. Watt によって実用化された調速機（governor）を蒸気機関の回転数制御に利用したことが自動制御の始まりといわれている．**図 1·8** は蒸気

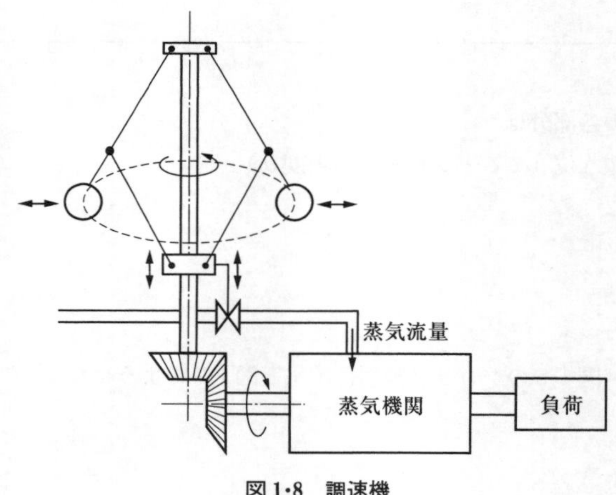

図 1·8 調速機

機関の回転数が負荷の変化にともなって変わることから，一定の回転数を得るために調速機を取り付け，供給蒸気量を制御する方法を示した図である．この方法がフィードバック制御の始まりとされているためである．しかし，1750年頃には A. Meikle が風車の自動方向制御にフィードバックの考えを取り入れた装置を考案している．しかし，いずれにせよ 18 世紀にはフィードバック制御の源があることには間違いない．

このようなフィードバック制御の考え方は 19 世紀に入り，電気・電子・通信工学分野の発達にともない，電動機の回転速度制御，増幅器の設計/安定問題へと進み，さらに機械工学分野での空気および油圧を利用した工作機械やロボット制御などに応用されるに至った．この間に，種々の制御技術と結びついた問題を解決するために，演算子法を用いて数学的技法による制御理論の進展がみられた．例えば，

1868 年：J. C. Maxwell によって，原動機の調速安定問題を線形モデル化した特性方程式で解析する方法を発表した．ただし，特性方程式を解く必要があることから 3 次の特性方程式までであった．

1877 年：E. J. Routh によって，特性方程式の係数から安定を調べる Routh の安定判別法が発表された．

1893 年：A. Hurwitz によって，Routh が考え出したと同じような代数的に安定判別ができる Hurwitz の安定判別法が発表された．

1932 年：H. Nyquist によって，電話機の増幅安定問題を複素数を用いた幾何学的解析法のベクトル軌跡が発表された．

1940 年：H. W. Bode によって，ベクトル軌跡よりも簡単に図示化できる周波数特性解析法のボード線図が発表された．

をあげることができる．これ以外にも多くの解析・設計方法が提案されている．これらの理論体系は線形微分方程式を中心にした一入力一出力のシステムを扱ったものである．しかも，システムはブラックボックスとして扱うとともに，伝達関数の概念でとらえることが主な対象であった．このような制御理論は 1960 年頃までに体系化され，**古典制御理論**（classical control theory）と呼んでいる．

一方，1950 年中頃から位相空間や線形代数を駆使して多入力多出力を対象

にしたシステムを扱うようになり，システムを入力変数，出力変数以外に状態変数を用いることでシステムの内部状態にまで立ち入り，制御目的を評価関数として数量化するようになった．しかも時変システム，非線形システムについても扱えるようになり，このような制御理論体系を**現代制御理論**（modern control theory）と呼んでいる．

特に，古典制御理論は「古典」の呼び名が付くことからして古めかしく，時代遅れと思いがちである．しかし，実用面での制御系解析および設計では，この古典制御理論が中心的に重要な役割を演じている．

1·3 制御系の分類

制御系（control system）はシステムの用途，構成，動作，目標値などのとり方によって以下のように分類できる．

(1) 用途による分類

1) プロセス制御（process control）

プロセス量（圧力，温度，液面，流量など）を制御量とし，定値制御で行われるシステムをいう．

2) サーボ機構（servomechanism）

物体の位置，方向，姿勢などを制御量とし，追従制御で行われるシステムをいう．

3) 自動調整（automatic regulation）

原動機や電動機の自動速度調整，自動電圧調整，そして自動負荷調整などや圧延機などの自動張力制御などの機械量，電気量などの定値制御をいう．

(2) 構成による分類

1) フィードフォワード制御（feedforward control）

図1·9に示すようになシステムを構成し，システムに外乱が入力されたならば，システムは外乱が出力に影響を及ぼす前に先回りして打ち消すように動作を行うようにする制御系をいう．したがって，外乱と出力の因果関係を把握で

きていないと制御が難しい．この制御方法は計算機制御で最適化制御を行う場合に用いる．また，あらかじめ定められた動作順序で制御を逐次進めていく**シーケンス制御**（sequential control）がある．

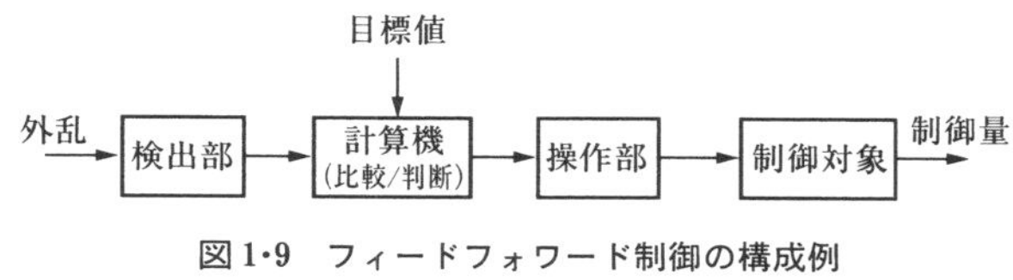

図 1・9　フィードフォワード制御の構成例

2)　フィードバック制御（feedback control）

図 1・5 で示すように制御量をフィードバックさせ，目標値の値と比較させ，一致するように訂正動作を行う制御系をいう．フィードバックには**図 1・10** のように－と＋でフィードバックさせるものがあり，－の場合を**負帰還**（negative feedback），＋の場合を**正帰還**（positive feedback）という．一般的には，前者の負帰還が圧倒的に多い．

このようなフィードバックの基本といえる閉じたループを形成するシステムを**閉ループ制御系**（closed loop control system）という．この閉ループ制御系に対して，フィードフォワード制御やシーケンス制御のようにフィードバック経路をもたない制御系を**開ループ制御系**（open loop control system）という．

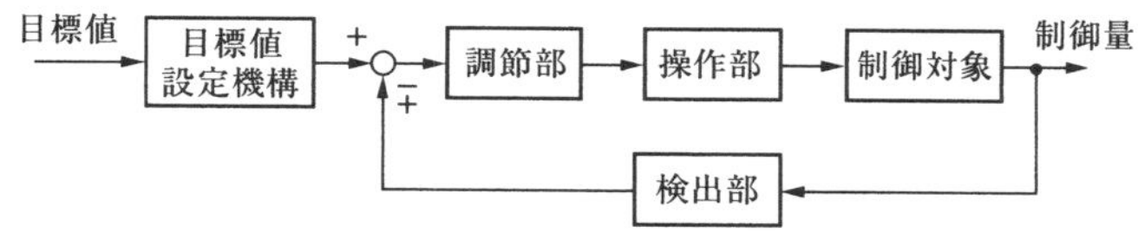

図 1・10　フィードバック制御の構成例

(3)　動作による分類

システムの制御動作が時間的に連続であるか不連続であるかによって，連続制御とサンプル値制御あるいは不連続制御がある．また，制御装置の制御動作がオンオフで制御され，入出力関係が直線関係でない制御を**非線形制御系**

(nonlinear control system) という．非線形制御形に対し，制御系の各部の特性が線形微分方程式で表すことのできる制御系を**線形制御系**(linear control system) という．

(4)　目標値による分類

プロセス制御系のように，目標値が時間的に変わることなく一定の値で制御する制御方法を**定値制御** (constant value control) という．これに対し，目標値が変化する**追値制御** (variable value control) がある．また，サーボ機構のように，目標値が任意に変化する制御方法がある．これを**追従制御** (follow-up control) という．

1章　練習問題

1. 人間が自動車を走行速度制御する場合のブロック線図を求めよ．

2. バイメタルにより温度制御する電気こたつのブロック線図を求めよ．

3. 完全自動洗濯機を作るとした場合のブロック線図を求めよ．

4. 自動機械と自動制御の違いを説明せよ．

5. フィードフォワード制御とフィードバック制御の違いを具体的に説明せよ．

第2章

ラプラス変換

自然界の物理現象を数学モデルで記述すると，一般的に微分方程式で表現できる．そのような物理系を解析するには，数学モデルとしての微分方程式を解く必要がある．しかし，自然界の物理系は，非線形になる場合がほとんどであるために，解析的に解くことがむずかしい．そこで，よく使う手段は線形化を施してから解くことである．このような手法は，実際問題として十分な場合が多いためでもある．

この章で述べるラプラス変換は，1812年にLaplaceが微分方程式および差分方程式を解くために用いた手法である．それは，時間領域での定係数の線形微分方程式（t 領域）をラプラス変換すると複素領域（s 領域）に変換され，代数方程式に直してから要領よく解ける便利な手法である．この手法は，制御工学や振動工学などでよく用いる．

2·1 ラプラス変換の定義

$t \geqq 0$ で与えられる時間関数 $f(t)$ に対して，区間 $(0,\ \infty)$ での積分が

$$F(s) = \mathcal{L}[f(t)] = \int_0^\infty f(t)e^{-st}\,dt \tag{2·1}$$

で定義されるとき，$F(s)$，あるいは $\mathcal{L}[f(t)]$ を $f(t)$ の**ラプラス変換**(Laplace transform)，そして複素数である s を**ラプラス演算子**（Laplace operational calculus）という．ただし，時間関数 $f(t)$ は t に対して一価連続関数である．以上のように，時間関数 $f(t)$ は，複素関数 $F(s)$ に変換されることから，時

間関数 $f(t)$ を表関数，あるいは原関数といい，複素関数 $F(s)$ を裏関数，あるいは像関数という．

式（2•1）を用いることによりラプラス変換の計算ができるが，これからの制御工学で取り扱う関数には限りがあることから，以下にとりあげる関数のラプラス変換を理解しておけば実用上，十分である．他の関数に対するラプラス変換を行う必要のあるときは，ラプラス変換表を参照すればよい．

(1) 単位ステップ関数 $f(t)=u(t)$

図2•1 に示すようなステップの大きさが1からなるステップ関数で，**単位ステップ関数**（unit step function）あるいは**大きさ1の階段関数**ともいう．

$$u(t)=\begin{cases}0 : t<0\\ 1 : t\geqq 0\end{cases} \qquad (2\cdot 2)$$

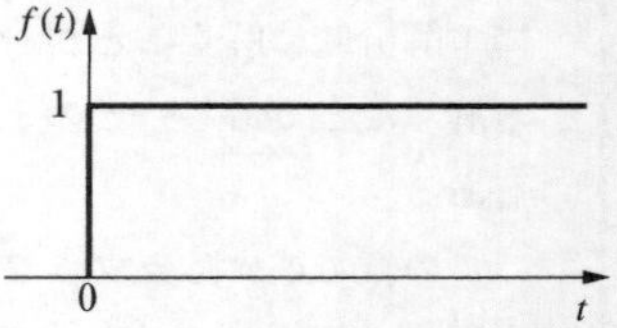

図2•1 ステップ関数

単位ステップ関数のラプラス変換は

$$\mathcal{L}[u(t)]=\int_0^{\infty}u(t)e^{-st}dt=\int_0^{\infty}e^{-st}dt$$

$$=\left[-\frac{1}{s}e^{-st}\right]_0^{\infty}=\frac{1}{s} \qquad (2\cdot 3)$$

$$\left(\lim_{t\to\infty}e^{-st}=0,\ \lim_{t\to 0}e^{-st}=1\right)$$

となる．また，$f(t)=au(t)\ (a\neq 0)$ に対するラプラス変換は

$$\mathcal{L}[au(t)]=\int_0^{\infty}au(t)e^{-st}dt=a\int_0^{\infty}e^{-st}dt$$

$$=a\left[-\frac{1}{s}e^{-st}\right]_0^{\infty}=\frac{a}{s} \qquad (2\cdot 4)$$

となることは容易に理解できよう．

(2) 指数関数 $f(t)=e^{-at}$

指数関数（exponential function）は，**図2•2** に示すように時間とともに時間軸へ漸近する形状を示す関数である．この指数関数は，後のシステムを表すのによく利用する関数である．このような関数をラプラス変換すると

$$\mathcal{L}[e^{-at}] = \int_0^\infty e^{-at} e^{-st} dt = \int_0^\infty e^{-(s+a)t} dt$$

$$= \left[-\frac{1}{s+a} e^{-(s+a)t} \right]_0^\infty = \frac{1}{s+a} \tag{2・5}$$

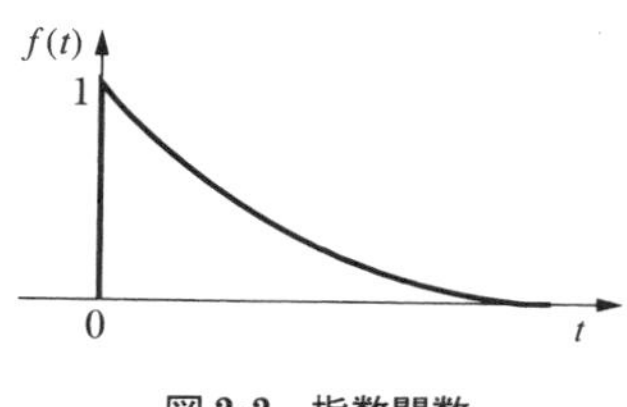

図 2・2　指数関数

となる．

(3)　デルタ関数 $f(t)=\delta(t)$

デルタ関数（delta function）は**ディラック**（Dirac）**の δ 関数**とも呼ばれ，**図 2・3** に示す特性を持つ数学的な関数である．

$$\delta(t) = \begin{cases} \infty & : t = 0 \\ 0 & : t \neq 0 \end{cases} \tag{2・6}$$

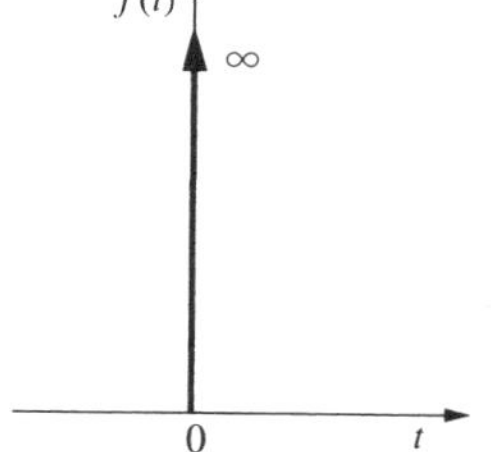

図 2・3　デルタ関数

しかも

$$\int_{-\infty}^{\infty} \delta(t) dt = 1 \tag{2・7}$$

を満たす関数である．よって，積分範囲を $(0_-, 0_+)$，$(0_+, \infty)$ に分けて積分すると第 1 項目が式（2・7）より 1 に，そして第 2 項目は 0 に収束し，式（2・8）となる．

$$\mathcal{L}[\delta(t)] = \int_0^\infty \delta(t) e^{-st} dt = \int_{0-}^{0+} \delta(t) e^{-st} dt + \int_{0+}^\infty \delta(t) e^{-st} dt$$

$$= 1 \tag{2・8}$$

実用面では，**図 2・4** に示すような**単位インパルス関数**（unit impulse function）として利用するのが一般的である．この場合のラプラス変換は，図 2・4 に示すように，区間 $0 < t < \tau$ で $f(t)$ が $1/\tau$ になり，そのほかでは 0 になる．よって，

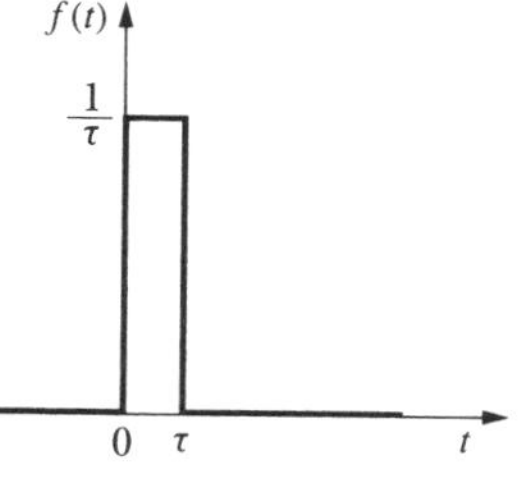

図 2・4　単位インパルス関数

$$\mathcal{L}[f(t)] = \int_0^\tau \frac{1}{\tau} e^{-st} dt = \left[-\frac{1}{\tau s} e^{-st} \right]_0^\tau$$

$$= \frac{1 - e^{-s\tau}}{\tau s} \tag{2・9}$$

となる．$e^{-s\tau}$ を級数展開すると，$\tau \to 0$ の極限を考えれば式（2・10）のように

式（2•8）の結果と同じ結果になる.

$$\mathcal{L}[f(t)]=\lim_{\tau\to 0}\frac{1-e^{-s\tau}}{\tau s}$$
$$=\lim_{\tau\to 0}\frac{1-\left(1-s\tau+\dfrac{s^2\tau^2}{2!}-\dfrac{s^3\tau^3}{3!}+\cdots\cdots\right)}{\tau s}=1 \quad (2\text{•}10)$$

したがって，面積の大きさが1のままで幅を無限に小さく，しかも高さを無限に大きくのばす形にすると $\delta(t)$ 関数になる．面積が1のパルス形状をなすことをインパルスの強さという．

(4)　ランプ関数 $f(t)=at$

ランプ関数（ramp function）は，時間とともに一定の速度で増加する関数で，**図2•5** に示すような関数である．よって，ラプラス変換は，

$$\mathcal{L}[at]=\int_0^\infty at\,e^{-st}dt$$
$$=a\left[-\frac{te^{-st}}{s}\right]_0^\infty+\int_0^\infty\frac{ae^{-st}}{s}dt$$
$$=\left[-\frac{ae^{-st}}{s^2}\right]_0^\infty=\frac{a}{s^2} \quad (2\text{•}11)$$

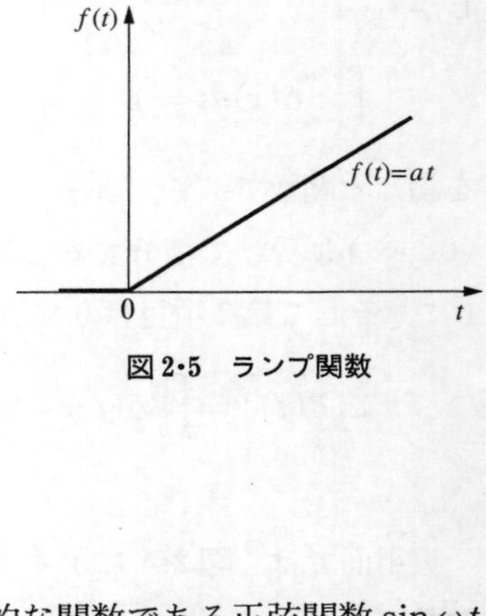

図2•5　ランプ関数

となる．

(5)　周期関数

周期関数（periodic function）として，代表的な関数である正弦関数 $\sin\omega t$ と余弦関数 $\cos\omega t$ に対するラプラス変換を求める．ただし，式（2•1）に $\sin\omega t$, $\cos\omega t$ を代入して，直接的なラプラス変換の積分計算は困難である．そこで，式（2•12）と（2•13）に示す複素正弦波関数のオイラー（Euler）の関係式を用いて，書き直してから計算を実行すると，簡単に結果を求めることができる．

$$e^{j\omega t}=\cos\omega t+j\sin\omega t \quad (2\text{•}12)$$
$$e^{-j\omega t}=\cos\omega t-j\sin\omega t \quad (2\text{•}13)$$

ただし，jは虚数単位の$\sqrt{-1}$である．

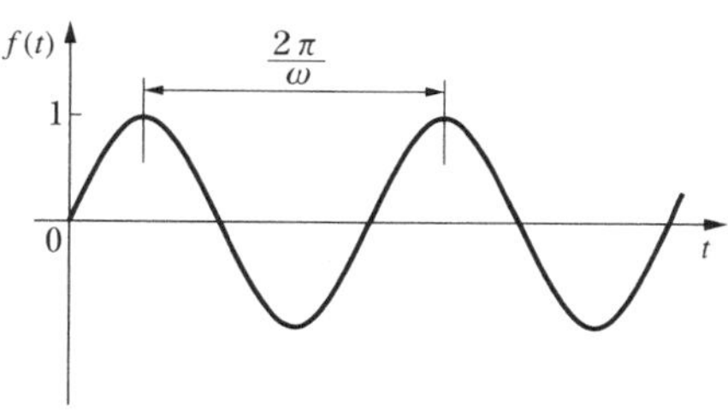

図 2•6　正弦関数 $f(t) = \sin \omega t$

式（2•12）と（2•13）の和と差をそれぞれ求めれば，$\sin \omega t$ および $\cos \omega t$ について整理ができ，式（2•14）と(2•15）をそれぞれ求めることができる．それを式（2•1）にそれぞれ代入し，積分を行い，有理化を施すことにより結果を得ることができる．

$$\sin \omega t = \frac{e^{j\omega t} - e^{-j\omega t}}{2j} \tag{2•14}$$

$$\cos \omega t = \frac{e^{j\omega t} + e^{-j\omega t}}{2} \tag{2•15}$$

（1）　$f(t) = \sin \omega t$

$$\begin{aligned}\mathcal{L}[\sin \omega t] &= \int_0^\infty \sin \omega t \, e^{-st} \, dt = \frac{1}{2j}\int_0^\infty (e^{j\omega t} - e^{-j\omega t}) e^{-st} \, dt \\ &= \frac{1}{2j}\left\{\int_0^\infty e^{-(s-j\omega)t} \, dt - \int_0^\infty e^{-(s+j\omega)t} \, dt\right\} \\ &= \frac{1}{2j}\left(\frac{1}{s-j\omega} - \frac{1}{s+j\omega}\right) = \frac{\omega}{s^2+\omega^2}\end{aligned} \tag{2•16}$$

として求められる．

（2）　$f(t) = \cos \omega t$

$$\begin{aligned}\mathcal{L}[\cos \omega t] &= \int_0^\infty \cos \omega t \, e^{-st} \, dt = \frac{1}{2}\int_0^\infty (e^{j\omega t} + e^{-j\omega t}) e^{-st} \, dt \\ &= \frac{1}{2}\left\{\int_0^\infty e^{-(s-j\omega)t} \, dt + \int_0^\infty e^{-(s+j\omega)t} \, dt\right\} \\ &= \frac{1}{2}\left(\frac{1}{s-j\omega} + \frac{1}{s+j\omega}\right) = \frac{s}{s^2+\omega^2}\end{aligned} \tag{2•17}$$

として求められる．

表 2•1 は，代表的な関数に対するラプラス変換の結果を示す．

表 2･1　ラプラス変換表

No.	$f(t)$	$F(s)$	No.	$f(t)$	$F(s)$
1	$u(t)$	$\frac{1}{s}$	11	$e^{-at}\sin\omega t$	$\frac{\omega}{(s+a)^2+\omega^2}$
2	e^{-at}	$\frac{1}{s+a}$	12	$e^{-at}\cos\omega t$	$\frac{s+a}{(s+a)^2+\omega^2}$
3	t	$\frac{1}{s^2}$	13	$\frac{1}{a}(1-e^{-at})$	$\frac{1}{s(s+a)}$
4	$\delta(t)$	1	14	$\frac{1}{b-a}(e^{-at}-e^{-bt})$	$\frac{1}{(s+a)(s+b)}$
5	$\sin\omega t$	$\frac{\omega}{s^2+\omega^2}$	15	$\frac{1}{b-a}(be^{-bt}-ae^{-at})$	$\frac{s}{(s+a)(s+b)}$
6	$\cos\omega t$	$\frac{s}{s^2+\omega^2}$	16	$\sinh\omega t$	$\frac{\omega}{s^2-\omega^2}$
7	t^n	$\frac{n!}{s^{n+1}}$	17	$\cosh\omega t$	$\frac{s}{s^2-\omega^2}$
8	$t^n e^{-at}$	$\frac{n!}{(s+a)^{n+1}}$	18	$\sin(\omega t+\varphi)$	$\frac{\omega\cos\varphi+s\sin\varphi}{s^2+\omega^2}$
9	$t\sin\omega t$	$\frac{2\omega s}{(s^2+\omega^2)^2}$	19	$\cos(\omega t+\varphi)$	$\frac{s\cos\varphi-\omega\sin\varphi}{s^2+\omega^2}$
10	$t\cos\omega t$	$\frac{s^2-\omega^2}{(s^2+\omega^2)^2}$	20	$\frac{\omega_n}{\sqrt{1-\zeta^2}}e^{-\zeta\omega_n t}\times$ $\sin\omega_n\sqrt{1-\zeta^2}\,t$ $(0\leqq\zeta<1)$	$\frac{\omega_n^2}{s^2+2\zeta\omega_n s+\omega_n^2}$

例題 2･1　関数 $f(t)=kt^2$ のラプラス変換を求めよ．ただし，k は定数とする．

（解）

$$\mathcal{L}[kt^2]=k\int_0^\infty t^2e^{-st}dt=k\left\{\left[-t^2\frac{1}{s}e^{-st}\right]_0^\infty-\int_0^\infty 2t\left(-\frac{1}{s}e^{-st}\right)dt\right\}$$

$$=0+\frac{2k}{s}\int_0^\infty te^{-st}dt=\frac{2k}{s}\cdot\frac{1}{s^2}=\frac{2k}{s^3} \tag{2･18}$$

例題 2・2　関数 $f(t)=ke^{-at}\sin\omega t$ のラプラス変換を求めよ．ただし，k は定数とする．

（解）

$$\mathcal{L}[ke^{-at}\sin\omega t]=k\int_0^{\infty}e^{-at}\sin\omega t\,e^{-st}\,dt=\frac{k}{2j}\left\{\int_0^{\infty}(e^{j\omega t}-e^{-j\omega t})e^{-(a+s)t}\,dt\right\}$$

$a+s=\tau$ とおくと式（2・16）と同じようになる．

$$=\frac{k}{2j}\left\{\int_0^{\infty}e^{-(\tau-j\omega)t}\,dt-\int_0^{\infty}e^{-(\tau+j\omega)t}\,dt\right\}$$

$$=\frac{k}{2j}\left(\frac{1}{\tau-j\omega}-\frac{1}{\tau+j\omega}\right)$$

$$=\frac{k\omega}{\tau^2+\omega^2}$$

よって，$\tau=a+s$ を代入し，

$$=\frac{k\omega}{(a+s)^2+\omega^2} \tag{2・19}$$

2・2　ラプラス変換の基本性質

ラプラス変換を行ううえで以下の基本性質が重要である．

(1)　線形性の定理

関数 $f(t)$ が複数の関数 $f_1(t)$，$f_2(t)$，……，$f_n(t)$ の和で構成される場合である．すなわち，$f(t)=f_1(t)+f_2(t)+\cdots\cdots+f_n(t)$ のラプラス変換は，定義式（2・1）から明らかなように

$$\begin{aligned}\mathcal{L}[f(t)]&=\mathcal{L}[f_1(t)+f_2(t)+\cdots\cdots+f_n(t)]\\&=\mathcal{L}[f_1(t)]+\mathcal{L}[f_2(t)]+\cdots\cdots+\mathcal{L}[f_n(t)]\end{aligned} \tag{2・20}$$

となり，

$$F(s)=F_1(s)+F_2(s)+\cdots\cdots+F_n(s) \tag{2・21}$$

が成り立つ．したがって，おのおのの関数に対するラプラス変換を行い，その和を求めればよいことになる．このような性質を加法定理ともいう．

例題 2・3 関数 $f(t)=5+2e^{-3t}$ のラプラス変換を求めよ.

（解）

$f(t)=5+2e^{-3t}$ の関数は，2つの関数 $f_1(t)=5u(t)$，$f_2(t)=2e^{-3t}$ で構成されている．ただし，$u(t)$ は書かなくてもよい.

$$
\begin{aligned}
\mathcal{L}[f(t)] &= \mathcal{L}[f_1(t)+f_2(t)] \\
&= \mathcal{L}[5+2e^{-3t}] \\
&= \mathcal{L}[5u(t)]+\mathcal{L}[2e^{-3t}] \\
&= \frac{5}{s}+\frac{2}{s+3} \qquad (2\cdot22)
\end{aligned}
$$

となる.

例題 2・4 関数 $f(t)=5e^{-t}-2\cos 4t+t^2$ のラプラス変換を求めよ.

（解）

$f(t)=5e^{-t}-2\cos 4t+t^2$ の関数は，3つの関数 $f_1(t)=5e^{-t}$，$f_2(t)=-2\cos 4t$，そして $f_3(t)=t^2$ から成り立っている．よって，ラプラス変換は

$$
\begin{aligned}
\mathcal{L}[f(t)] &= \mathcal{L}[f_1(t)+f_2(t)+f_3(t)] \\
&= \mathcal{L}[5e^{-t}-2\cos 4t+t^2] \\
&= \mathcal{L}[5e^{-t}]-\mathcal{L}[2\cos 4t]+\mathcal{L}[t^2] \\
&= \frac{5}{s+1}-\frac{2s}{s^2+16}+\frac{2}{s^3} \qquad (2\cdot23)
\end{aligned}
$$

(2) 微分の定理

微分 $\dfrac{df(t)}{dt}$ のラプラス変換は，部分積分を利用することによって得られる.

$$
\begin{aligned}
\mathcal{L}\left[\frac{df(t)}{dt}\right] &= \int_0^\infty \frac{df(t)}{dt}e^{-st}dt \\
&= \left[f(t)\,e^{-st}\right]_0^\infty-\int_0^\infty f(t)(-se^{-st})dt \\
&= \lim_{t\to\infty} f(t)e^{-st}-\lim_{t\to 0} f(t)e^{-st}+s\int_0^\infty f(t)e^{-st}dt \\
&= sF(s)-f(0) \qquad (2\cdot24)
\end{aligned}
$$

式（2・24）内に含まれる $f(0)$ は，t を正方向から 0 に近づけた極限値で $f(t)$ の初期値である．同様の積分計算を繰り返すことにより，2 階および 2 階以上の微分に対するラプラス変換も式（2・25），（2・26）として得られる．したがって，$f(0)$，$f'(0)$，……，$f^{(n)}(0)$ は，それぞれの微分に対する初期値を表す．ただし，$f^{(n)}(t)=\dfrac{df^{n}(t)}{dt^{n}}$ を表す略記表示である．

$$\mathcal{L}\left[\frac{d^2f(t)}{dt^2}\right]=\int_0^{\infty}\frac{d^2f(t)}{dt^2}e^{-st}dt$$

$$=s^2F(s)-sf(0)-f'(0) \tag{2・25}$$

$$\mathcal{L}\left[\frac{d^nf(t)}{dt^n}\right]=s^nF(s)-s^{n-1}f(0)-s^{n-2}f'(0)-\cdots\cdots-f^{(n-1)}(0) \tag{2・26}$$

以上の結果より，初期値が 0 ならば $\dfrac{d}{dt}=s$，そして $f(t)$ を $F(s)$ に置き換えればよい．

以上のことから，微分方程式が代数方程式になることが理解できよう．さらに，s 領域での微分演算が

$$\mathcal{L}[tf(t)]=-\frac{dF(s)}{ds} \tag{2・27}$$

となる．s 領域で s をかけることは，t 領域で微分することに対応するため，両者は双対関係にあるという．

例題 2・5　次の微分方程式をラプラス変換し，$F(s)$ について求めよ．

$$\frac{d^2f(t)}{dt^2}+3\frac{df(t)}{dt}+2f(t)=1$$

ただし，初期値は $f(0)=1$，$f'(0)=0$ とする．

（解）

$$\mathcal{L}\left[\frac{d^2f(t)}{dt^2}\right]=s^2F(s)-sf(0)-f'(0)=s^2F(s)-s$$

$$\mathcal{L}\left[3\frac{df(t)}{dt}\right] = 3\mathcal{L}\left[\frac{df(t)}{dt}\right] = 3\{sF(s)-f(0)\}$$

$$= 3sF(s)-3$$

$$\mathcal{L}[2f(t)] = 2\mathcal{L}[f(t)] = 2F(s)$$

$$\mathcal{L}[1] = \frac{1}{s}$$

になることから，左辺に対するラプラス変換は，線形性の基本性質を利用することにより以下のようになる．

$$\mathcal{L}\left[\frac{d^2f(t)}{dt^2}+3\frac{df(t)}{dt}+2f(t)\right]$$

$$= s^2F(s)-s+3sF(s)-3+2F(s) = (s^2+3s+2)F(s)-s-3$$

故に，与えられた微分方程式のラプラス変換は，

$$(s^2+3s+2)F(s)-s-3 = \frac{1}{s}$$

となり，$F(s)$ について求めると

$$F(s) = \frac{s^2+3s+1}{s(s^2+3s+2)}$$

となる．

(3) 積分の定理

$f(t)$ に関する積分のラプラス変換は，微分演算の場合と同様に部分積分を施すことにより得られる．

$$\mathcal{L}\left[\int_0^t f(\tau)d\tau\right] = \int_0^\infty \left\{\int_0^t f(\tau)d\tau\right\} e^{-st}dt$$

$$= \left[\int_0^t f(\tau)d\tau\left(-\frac{1}{s}e^{-st}\right)\right]_0^\infty - \int_0^\infty f(t)\left(-\frac{1}{s}e^{-st}\right)dt$$

$$= \lim_{t\to\infty}\left\{-\frac{1}{s}e^{-st}\int_0^t f(\tau)d\tau\right\} + \lim_{t\to 0}\frac{1}{s}e^{-st}\int_0^t f(\tau)d\tau + \frac{1}{s}\int_0^\infty f(\tau)e^{-s\tau}d\tau$$

$$= \frac{1}{s}\int_0^t f(\tau)d\tau\Big|_{t=0+} + \frac{1}{s}\int_0^\infty f(\tau)e^{-s\tau}d\tau$$

$$= \frac{1}{s}F(s) + \frac{1}{s}f^{(-1)}(0) \qquad (2\cdot 28)$$

となる．ただし，$f^{(-1)}(0)$ は初期値を表わし，$\left.\int_0^t f(\tau)d\tau\right|_{t=0^+}$ である．

同様に，n 回の積分に対するラプラス変換の場合も同じ手法を繰り返すことで得られる．

$$\mathcal{L}\left[\iint f(t)dtdt\right]=\frac{1}{s^2}F(s)+\frac{1}{s^2}f^{(-1)}(0)+\frac{1}{s}f^{(-2)}(0) \tag{2・29}$$

以上より，積分は微分の逆演算となることから複素領域で $1/s$ をかければよいことが理解できよう．また，

$$\mathcal{L}\left[\frac{f(t)}{t}\right]=\int_s^\infty F(s)ds \tag{2・30}$$

の双対関係が成り立つ．

例題 2・6　関数 $\dfrac{\sin\omega t}{t}$ のラプラス変換を求めよ．

（解）

$f(t)=\sin\omega t$ と置くことにより，式（2・16）と式（2・30）を用いて簡単にラプラス変換の結果を得ることができる．よって，

$$\mathcal{L}\left[\frac{\sin\omega t}{t}\right]=\int_s^\infty\frac{\omega}{s^2+\omega^2}ds=\left[\tan^{-1}\frac{s}{\omega}\right]_s^\infty$$

$$=\frac{\pi}{2}-\tan^{-1}\frac{s}{\omega}=\cot^{-1}\frac{s}{\omega} \tag{2・31}$$

となる．

（4）　座標軸の移動

座標軸の移動は**推移の定理**ともいい，時間領域で座標軸の縦軸を時間軸に対して前後に移動させた場合である．すなわち，前方向に L だけ移動させた場合は，L だけ時間を進ませることになり，関数 $f(t)$ を $f(t+L)$ として表す．また，**図 2・7** に示すように L だけ後方にずら

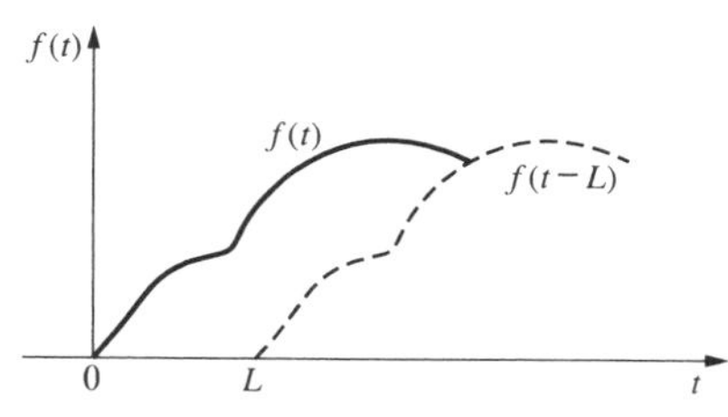

図 2・7　座標軸の移動

せることはLだけ時間を遅らせることになり，関数$f(t)$を$f(t-L)$として表す．制御工学では，後者を"むだ時間"の概念としてよく用いる．よって，座標軸の移動にともなうラプラス変換は，

$$\mathcal{L}[f(t+L)]=\int_0^{\infty}f(t+L)e^{-st}\,dt$$

$t+L=\tau$とおくと，

$$=\int_L^{\infty}f(\tau)e^{-s(\tau-L)}d\tau=e^{Ls}\int_L^{\infty}f(\tau)e^{-s\tau}\,d\tau$$

$$=e^{Ls}F(s) \tag{2•32}$$

$$\mathcal{L}[f(t-L)]=\int_0^{\infty}f(t-L)e^{-st}dt=\int_{-L}^{\infty}f(\tau)e^{-s(\tau+L)}\,d\tau$$

$$=e^{-Ls}F(s) \tag{2•33}$$

となる．よって，時間軸をLだけ進ませることはs領域で指数関数e^{Ls}をかけ，Lだけ遅らせることはs領域でe^{-Ls}をかけることに相当する．座標軸の移動に対する双対関係としては，以下の関係があり，s領域での移動といえる．

$$\mathcal{L}[f(t)e^{-at}]=\int_0^{\infty}f(t)e^{-at}\,e^{-st}dt=\int_0^{\infty}f(t)e^{-(s+a)t}\,dt$$

$$=F(s+a) \tag{2•34}$$

$$\mathcal{L}[f(t)e^{at}]=F(s-a) \tag{2•35}$$

例題 2•7　関数$\sin\omega t\,e^{-at}$のラプラス変換を求めよ．

(解)

式(2•34)の$f(t)$を$\sin\omega t$に置き換えればよい．よって，$\sin\omega t$のラプラス変換は，式(2•16)より

$$\mathcal{L}\,[\sin\omega t]=\frac{\omega}{s^2+\omega^2}$$

したがって，

$$\mathcal{L}\,[\sin\omega t\,e^{-at}]=\frac{\omega}{(s+a)^2+\omega^2} \tag{2•36}$$

となる．

(5)　初期値および最終値の定理

この定理は，よく使用する定理である．初期値は時間領域での $t \to 0$ の状態を考える．最終値は $t \to \infty$ の場合になる．時間領域に対する s 領域では，それぞれ $s \to \infty$ と $s \to 0$ に対応する．

1)　初期値の定理（initial value theorem）

関数 $f(t)$ とその一次導関数がラプラス変換可能で，しかも $\lim_{s \to \infty} sF(s)$ が存在するならば

$$\lim_{t \to 0} f(t) = f(0) = \lim_{s \to \infty} sF(s) \tag{2・37}$$

ただし，$f(0)$ は時間 t が正方向より 0 に近づく場合の初期値である．

【証明】

微分の定理に関するラプラス変換の式（2・24）を応用することにより証明できる．$f(t)$ のラプラス変換は $F(s)$ であるから

$$\int_0^\infty \frac{df(t)}{dt} e^{-st} dt = sF(s) - f(0)$$

上式で $s \to \infty$ とすると

$$\int_0^\infty \frac{df(t)}{dt} \cdot 0 \, dt = \lim_{s \to \infty} sF(s) - f(0)$$

$$\therefore f(0) = \lim_{s \to \infty} sF(s)$$

となり，証明できる．

2)　最終値の定理（final value theorem）

終期値の定理とも呼び，時間 t を十分大きくとったとき，$f(t)$ がある一定値に落ちつく場合に用いる定理である．初期値の定理と同様に，$\lim_{s \to 0} sF(s)$ が存在するならば

$$\lim_{t \to \infty} f(t) = f(\infty) = \lim_{s \to 0} sF(s) \tag{2・38}$$

として与えられる．

【証明】

式（2・24）で $s \to 0$ に近づけたとき，e^{-st} の関数は 1 の値に収束することから，次のようにして証明できる．ただし，$F(s)$ の極が s 平面の虚軸上および

右半面になく，しかも $sF(s)$ に特異点を持たなければ

$$\lim_{s\to 0}\int_0^{\infty}\frac{df(t)}{dt}e^{-st}dt=\int_0^{\infty}df(t)=f(\infty)-f(0)$$

となり $\lim_{s\to 0} sF(s)-f(0)$ と等しいことから

$$\therefore f(\infty)=\lim_{s\to 0} sF(s)$$

として証明できる．

(6) 相似の定理

この定理は，時間のスケーリングで時間を縮小および拡大する場合にあたる．

1) 縮小の定理

時間を $1/a$ に縮小する場合の関数 $f(t/a)$ に対するラプラス変換は

$$\mathcal{L}\left[f\left(\frac{t}{a}\right)\right]=aF(as) \tag{2・39}$$

ただし，$a>0$ である．

【証明】

$t/a=\tau$ と置くことにより証明できる．

$$\mathcal{L}\left[f\left(\frac{t}{a}\right)\right]=\mathcal{L}[f(\tau)]=a\int_0^{\infty}f(\tau)e^{-as\tau}d\tau=aF(as)$$

2) 拡大の定理

t を a 倍した場合の関数 $f(at)$ に対するラプラス変換である．証明は縮小の場合と同様に行う．

$$\mathcal{L}[f(at)]=\frac{1}{a}F\left(\frac{s}{a}\right) \tag{2・40}$$

2・3 図形のラプラス変換

ラプラス変換の特徴は，不連続な形状からなる図形に対してもラプラス変換ができる点にある．

例えば，**図 2・8** に示すようなステップ関数の合成でできる不連続な形状図形

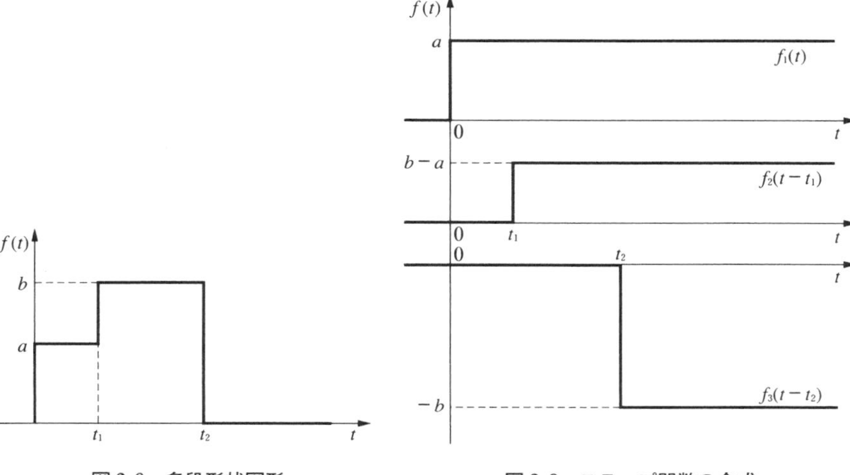

図 2·8　多段形状図形

図 2·9　ステップ関数の合成

のラプラス変換を考えてみよう．

図 2·8 は，3 つのステップ関数の合成で形成できていることが理解できよう．その状態を**図 2·9** に示す．

図 2·9 を関数で表すと

$$f_1(t) = au(t)$$

$$f_2(t-t_1) = (b-a)u(t-t_1)$$

$$f_3(t-t_2) = -bu(t-t_2)$$

となる．よって，全体の図形に対する関数 $f(t)$ は

$$\begin{aligned} f(t) &= f_1(t) + f_2(t-t_1) + f_3(t-t_2) \\ &= au(t) + (b-a)u(t-t_1) - bu(t-t_2) \end{aligned}$$

として与えられる．そこで，基本性質の **(1)**，**(4)** を用いてラプラス変換を行うと，

$$\begin{aligned} \mathcal{L}[f(t)] &= \mathcal{L}[f_1(t) + f_2(t-t_1) + f_3(t-t_3)] \\ &= a\mathcal{L}[u(t)] + (b-a)\mathcal{L}[u(t-t_1)] - b\mathcal{L}[u(t-t_2)] \\ &= \frac{a}{s} + \frac{b-a}{s}e^{-t_1 s} - \frac{b}{s}e^{-t_2 s} \end{aligned}$$

として求められる.

複雑な形状図形に対してもステップ関数，ランプ関数そして周期関数などの時間関数で表すことができればラプラス変換ができる.

例題 2·8　**図 2·10** に示す図形のラプラス変換を求めよ.

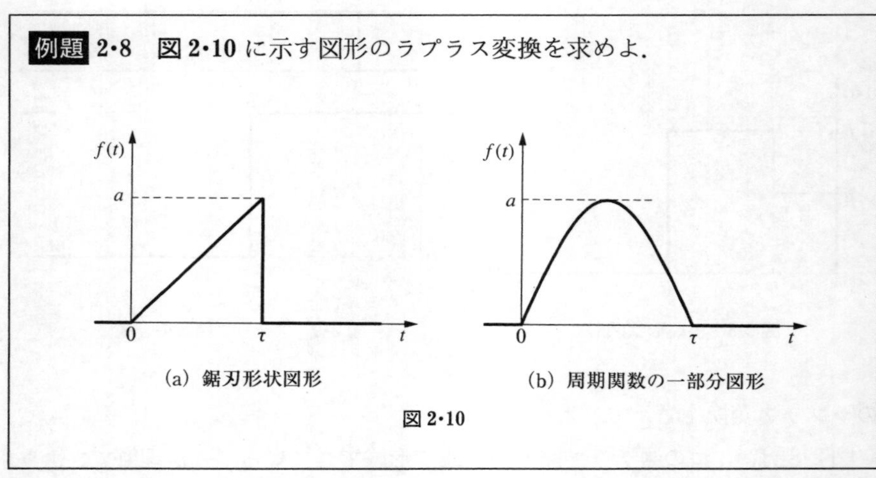

(a) 鋸刃形状図形　　(b) 周期関数の一部分図形

図 2·10

(解)

図 2·10 (a) では，**図 2·11** に示すようにランプ関数とステップ関数の合成関数として表せる．したがって，

$$f_1(t) = \frac{a}{\tau}t$$

$$f_2(t-\tau) = -\frac{a}{\tau}(t-\tau)$$

$$f_3(t-\tau) = -au(t-\tau)$$

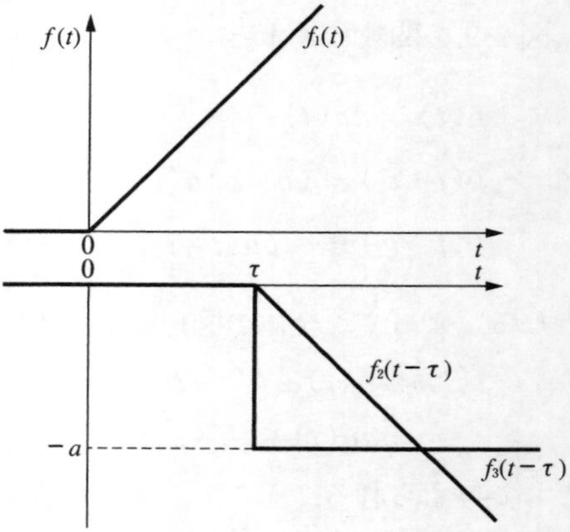

よって，図 2·11 の図形に対する関数 $f(t)$ は

$$f(t) = f_1(t) + f_2(t-\tau) + f_3(t-\tau)$$

$$= \frac{a}{\tau}t - \frac{a}{\tau}(t-\tau) - au(t-\tau)$$

図 2·11　ランプ関数とステップ関数の合成

となり，そのラプラス変換は

$$\mathcal{L}[f(t)] = \frac{a}{\tau}\mathcal{L}[t] - \frac{a}{\tau}\mathcal{L}[(t-\tau)] - a\mathcal{L}[u(t-\tau)]$$

$$= \frac{a}{\tau s^2} - \frac{a}{\tau s^2}e^{-\tau s} - \frac{a}{s}e^{-\tau s}$$

$$= \frac{a}{s}\left(\frac{1}{\tau s} - \frac{e^{-\tau s}}{\tau s} - e^{-\tau s}\right)$$

として求められる．図 2・10（b）では，**図 2・12** に示すように周期関数同士の合成で表現できる．

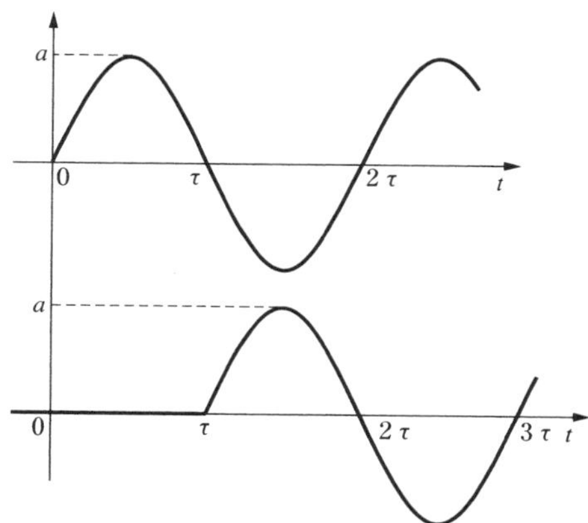

図 2・12　周期関数同士の合成

よって，$\omega = \pi/\tau$ として得られることから関数で表すと

$$f_1(t) = a \sin \frac{\pi}{\tau} t$$

$$f_2(t-\tau) = a \sin\left(\frac{\pi}{\tau} t - \tau\right)$$

$$f(t) = f_1(t) + f_2(t-\tau) = a \sin \frac{\pi}{\tau} t + a \sin\left(\frac{\pi}{\tau} t - \tau\right)$$

となり，ラプラス変換すると

$$\mathcal{L}[f(t)] = a\mathcal{L}\left[\sin \frac{\pi}{\tau} t\right] + a\mathcal{L}\left[\sin\left(\frac{\pi}{\tau} t - \tau\right)\right]$$

$$= \frac{a\dfrac{\pi}{\tau}}{s^2 + \left(\dfrac{\pi}{\tau}\right)^2} + \frac{a\dfrac{\pi}{\tau}}{s^2 + \left(\dfrac{\pi}{\tau}\right)^2} e^{-\tau s}$$

$$= \frac{a\pi\tau}{(\tau s)^2 + \pi^2}(1 + e^{-\tau s})$$

となる．

2・4　ラプラス逆変換

ラプラス変換は，時間領域の関数 $f(t)$ を複素領域の関数 $F(s)$ へ変換するための手法であった．逆に，複素領域の関数を元の時間領域の関数へ戻す手法が**ラプラス逆変換**（inverse Laplace transform）である．一般的に，関数 $f(t)$ のラプラス変換のときには，$\mathcal{L}[f(t)]$ と記したのに対応して，ラプラス逆変換では $\mathcal{L}^{-1}[F(s)]$ と書き，次式のように定義される．

$$\mathcal{L}^{-1}[F(s)]=f(t)=\frac{1}{2\pi j}\int_{c-j\infty}^{c+j\infty}F(s)e^{ts}\,ds \tag{2・41}$$

積分路は複素平面上の $c-j\infty$ から $c+j\infty$（$c>0$）までである．しかし，この複素積分計算は，実際に困難な場合が多いことから，計算を行うことはほとんどない．その代わりとして，表2・1のラプラス変換表を利用し，$F(s)$ に対応する $f(t)$ の関数を求める方法がより一般的である．

与えられた微分方程式をラプラス変換し，整理した結果が式（2・42）のように s の有理関数となる多項式で表される場合が多い．一般的に，分母および分子の次数の n，m は正の整数で，しかも $n \geqq m$ の関係にある．

$$F(s)=\frac{Y(s)}{X(s)}=\frac{b_m s^m+b_{m-1}s^{m-1}+b_{m-2}s^{m-2}+\cdots\cdots+b_1 s+b_0}{s^n+a_{n-1}s^{n-1}+a_{n-2}s^{n-2}+\cdots\cdots+a_1 s+a_0} \tag{2・42}$$

(1)　s の解がすべて異なる場合

式（2・42）の分母 $X(s)$ の多項式を0と置いたときの方程式の解を求める．この解のことを制御工学では**特性根**（characteristic root），あるいは**極**（pole）と呼ぶこともある．その解がすべて異なる（$\lambda_n \neq \lambda_{n-1} \neq, \cdots\cdots, \neq \lambda_1$）の場合は，式（2・43）のように部分分数に展開できる．

$$\begin{aligned}F(s)&=\frac{Y(s)}{(s-\lambda_n)(s-\lambda_{n-1})\cdots\cdots(s-\lambda_1)}\\&=\frac{A_n}{s-\lambda_n}+\frac{A_{n-1}}{s-\lambda_{n-1}}+\cdots\cdots+\frac{A_1}{s-\lambda_1}\end{aligned} \tag{2・43}$$

式（2·43）に含まれる未知係数A_n，A_{n-1}，……，A_1は，**ヘビサイド**（Heaviside）**の展開公式**より

$$A_i = \lim_{s \to \lambda_i}(s-\lambda_i)F(s) \quad (i=1,\ 2,\ \cdots\cdots,\ n) \tag{2·44}$$

として求められる．

例題 2·9　$F(s)=\dfrac{3s+2}{s^2+6s+8}$の時間関数$f(t)$を求めよ．

（解）

$s^2+6s+8=(s+4)(s+2)$に因数分解できる．sの解はそれぞれ-4と-2となる．したがって，

$$F(s)=\frac{3s+2}{s^2+6s+8}=\frac{3s+2}{(s+4)(s+2)}=\frac{A_2}{s+4}+\frac{A_1}{s+2}$$

$$A_2=\lim_{s\to -4}(s+4)F(s)=\lim_{s\to -4}\frac{3s+2}{s+2}=5$$

$$A_1=\lim_{s\to -2}(s+2)F(s)=\lim_{s\to -2}\frac{3s+2}{s+4}=-2$$

となり，題意の関数は

$$F(s)=\frac{5}{s+4}-\frac{2}{s+2}$$

となる．よって，それぞれのラプラス逆変換は

$$\mathcal{L}^{-1}\left[\frac{5}{s+4}\right]=5\mathcal{L}^{-1}\left[\frac{1}{s+4}\right]=5e^{-4t}$$

$$\mathcal{L}^{-1}\left[\frac{2}{s+2}\right]=2\mathcal{L}^{-1}\left[\frac{1}{s+2}\right]=2e^{-2t}$$

となることから，求める$f(t)$は

$$\mathcal{L}^{-1}[F(s)]=f(t)=5e^{-4t}-2e^{-2t}$$

として求められる．

（2）　sの解に重根が含まれる場合

式（2·42）の分母$X(s)$を因数分解し，sの解λ_qがr個の重根になり，残りの解λ_n，……，λ_{r+1}がすべて単根を形成する場合について考える．式（2·42）

は次式のようになる．

$$F(s)=\frac{Y(s)}{X(s)}=\frac{Y(s)}{(s-\lambda_n)(s-\lambda_{n-1})\cdots\cdots(s-\lambda_{r+1})(s-\lambda_q)^r} \qquad (2\cdot45)$$

式（2•45）を部分分数に展開すると式（2•46）のようになる．単根部分の未知係数は（1）の場合と同じ計算方法で求める．また重根部分に関する未知係数は，式（2•47）の計算方法より求める．

$$F(s)=\frac{A_n}{s-\lambda_n}+\frac{A_{n-1}}{s-\lambda_{n-1}}+\cdots\cdots+\frac{A_{r+1}}{s-\lambda_{r+1}}+\frac{B_r}{(s-\lambda_q)^r}+\frac{B_{r-1}}{(s-\lambda_q)^{r-1}}$$

$$+\cdots\cdots+\frac{B_1}{s-\lambda_q} \qquad (2\cdot46)$$

$$B_i=\frac{1}{(r-i)!}\lim_{s\to\lambda_q}\left[\frac{d^{r-i}}{ds^{r-i}}\{(s-\lambda_q)^r F(s)\}\right] \qquad (2\cdot47)$$

$$(i=1,\ 2,\ \cdots\cdots,\ r)$$

例題 2•10　$F(s)=\dfrac{3s+2}{s^3+4s^2+5s+2}$ の時間関数 $f(t)$ を求めよ．

（解）

$s^3+4s^2+5s+2=(s+1)^2(s+2)$ となり，s の解は $\lambda_1=-1$（重根），$\lambda_2=-2$（単根）となる．よって，

$$F(s)=\frac{3s+2}{(s+1)^2(s+2)}=\frac{B_2}{(s+1)^2}+\frac{B_1}{s+1}+\frac{A_1}{s+2}$$

$$A_1=\lim_{s\to-2}(s+2)F(s)=\lim_{s\to-2}\frac{3s+2}{(s+1)^2}=-4$$

$$B_2=\lim_{s\to-1}(s+1)^2F(s)=\lim_{s\to-1}\frac{3s+2}{s+2}=-1$$

$$B_1=\lim_{s\to-1}\left\{\frac{d}{ds}(s+1)^2F(s)\right\}=\lim_{s\to-1}\frac{4}{(s+2)^2}=4$$

$$F(s)=\frac{-1}{(s+1)^2}+\frac{4}{s+1}-\frac{4}{s+2}$$

故に，関数 $f(t)$ は，上式をラプラス逆変換することにより

$$\mathcal{L}^{-1}[F(s)]=f(t)=-te^{-t}+4e^{-t}-4e^{-2t}$$

として求められる．

2·5　微分方程式の解法

ラプラス変換を用いて微分方程式を解くには，**図 2·13** に示す方法で行えばよいことが理解できよう．

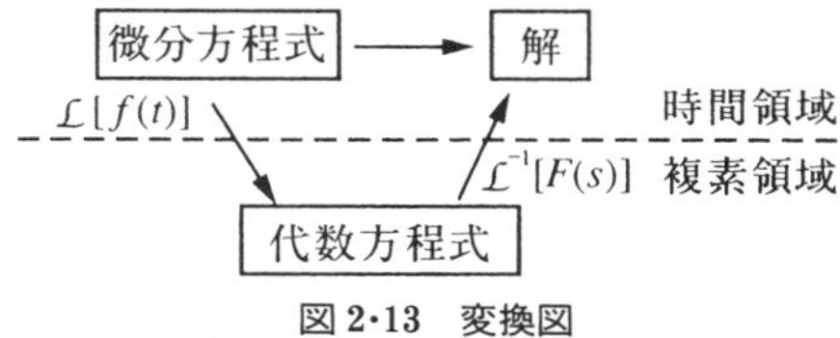

図 2·13　変換図

> **例題 2·11**　例題 2·5 で与えられた微分方程式を同じ初期条件で解け．

（解）

ラプラス変換を施し，$F(s)$ について整理した結果が

$$F(s)=\frac{s^2+3s+1}{s(s^2+3s+2)}$$

であった．よって，分母は因数分解ができ，しかも解がすべて異なることから

$$F(s)=\frac{s^2+3s+1}{s(s+1)(s+2)}=\frac{A_3}{s}+\frac{A_2}{s+1}+\frac{A_1}{s+2}$$

部分分数に展開できる．未知係数の A_3，A_2，A_1 を求めると

$$A_3=\lim_{s\to 0} sF(s)=\lim_{s\to 0}\frac{s^2+3s+1}{(s+1)(s+2)}=\frac{1}{2}$$

$$A_2=\lim_{s\to -1}(s+1)F(s)=\lim_{s\to -1}\frac{s^2+3s+1}{s(s+2)}=1$$

$$A_1=\lim_{s\to -2}(s+2)F(s)=\lim_{s\to -2}\frac{s^2+3s+1}{s(s+1)}=-\frac{1}{2}$$

となり，ラプラス逆変換を施すことにより解は

$$\mathcal{L}^{-1}[F(s)]=f(t)=\frac{1}{2}+e^{-t}-\frac{1}{2}e^{-2t}$$

となる．

2章 練習問題

1. 次の関数をラプラス変換せよ.

1) $f(t) = k - e^{-at}$

2) $f(t) = t^3 e^{-at} - \cos \omega t$

3) $f(t) = 6 + 3t^3 + e^{-4t}$

4) $f(t) = te^{-t} \sin t$

5) $f(t) = t^{-1/2}$

2. 下図を時間の関数でそれぞれについて求め，図形に関するラプラス変換を求めよ.

1)

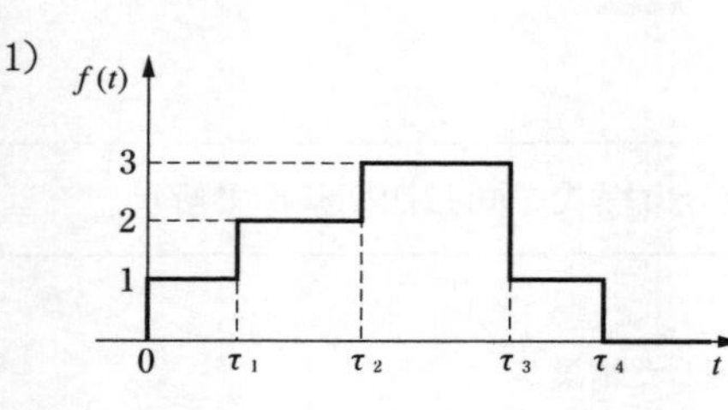

図 2・14

2)

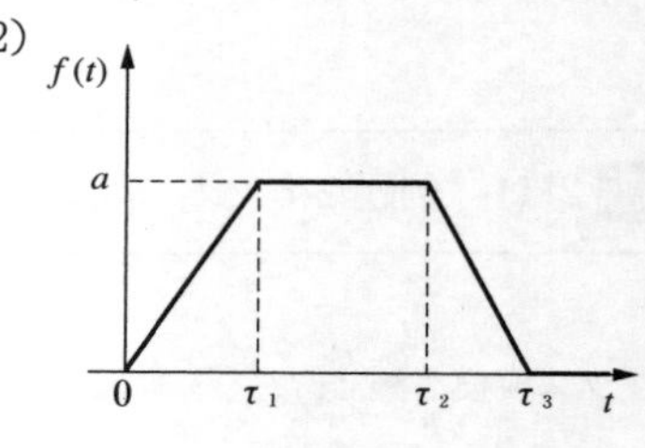

図 2・15

3)

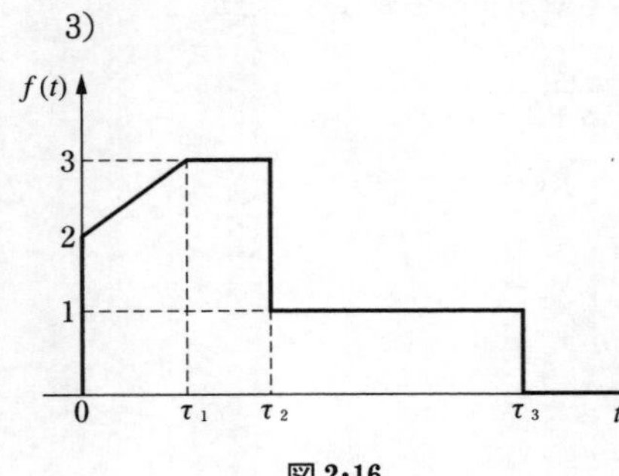

図 2・16

4)

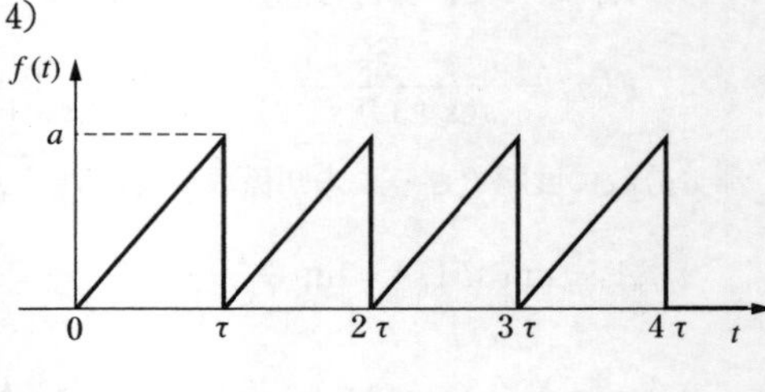

図 2・17

3. 次の複素関数のラプラス逆変換を求めよ.

1) $F(s) = \dfrac{3}{s+4}$ 2) $F(s) = \dfrac{2}{s(s+1)}$ 3) $F(s) = \dfrac{5}{(s+1)(s+4)}$

4)　$F(s)=\dfrac{(s+1)(s+5)}{(s-3)(s+3)(s+10)}$

5)　$F(s)=\dfrac{3s+9}{s^2+7s+10}$

6)　$F(s)=\dfrac{1}{s(s+2)(s+3)^2}$

7)　$F(s)=\dfrac{s^2+5s+2}{(s+2)(s^2+2s+2)}$

8)　$F(s)=\dfrac{s+3}{s^2+2s+5}$

9)　$F(s)=\dfrac{s+1}{(s+5)[(s+2)^2+9]}$

4.　次の微分方程式をラプラス変換より解け.

1)　$5\dfrac{dx}{dt}+x=1$, $x(0)=2$

2)　$3\dfrac{dx}{dt}+x=e^{-\frac{t}{2}}$, $x(0)=0$

3)　$25\dfrac{d^2x}{dt^2}+10\dfrac{dx}{dt}+x=2$, $x(0)=1$, $x'(0)=0$

4)　$4\dfrac{d^3x}{dt^3}+13\dfrac{d^2x}{dt^2}+11\dfrac{dx}{dt}+2x+1=0$,

$x(0)=x'(0)=x''(0)=0$

5)　$\begin{cases}\dfrac{dx}{dt}+x+3\displaystyle\int_0^t y\,dt=3\sin t+\cos t\\[2ex] 2\dfrac{dx}{dt}+3\dfrac{dy}{dt}+6y=0\end{cases}$

$x(0)=-3$, $y(0)=2$

第3章

伝達関数とブロック線図，信号伝達線図

システムは，多数の要素の組合せで構成される．一つの要素の入力側に信号（原因）を作用させせると，その信号の影響力を受けて要素の状態を変化させる．このときの原因となる信号を**入力信号**（input signal）という．変化する状態を信号（結果）として取り出す．結果となる信号を**出力信号**（output signal）という．

図3･1に示すように，要素からの出力信号がつぎの要素の入力信号となり，連結する要素を連続的に入力/出力の関係で伝達することになる．特に，入力信号と出力信号は，同じ物理量になるとは限らない点に注意しておく必要がある．

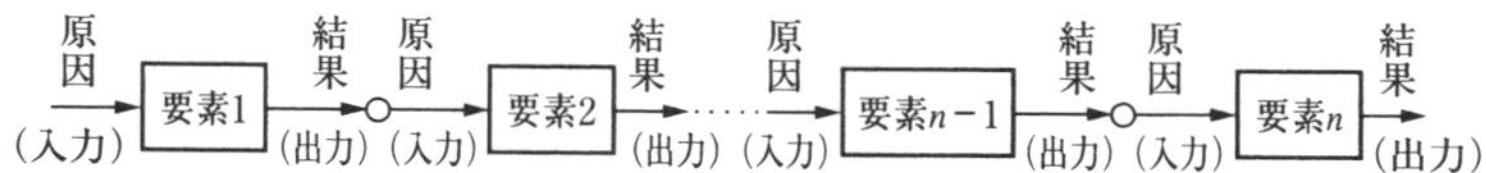

図3･1　信号の伝達状態

信号の関係を複素領域で関数形式として表現するものが**伝達関数**（transfer function）である．また，要素の入出力関係を具体的に分かりやすいように，図示的に表現する方法がブロック線図であり，信号伝達線図である．

関数として表現する伝達関数は，制御系を解析，設計するための基礎となり，重要な役割を演じる．そして，ブロック線図，あるいは信号伝達線図は，制御系を図示的に表現できることから，システムの状態が一目瞭然に理解できる特徴がある．

3·1 伝達関数

図 3·2 に示すような，時間領域での入力 $u(t)$，出力 $y(t)$ の制御系を考える．この時間領域での入力と出力をラプラス変換し，$U(s)$，$Y(s)$ とする．そこで，入力 $U(s)$ に対する出力 $Y(s)$ の比をとった次式（3·1）に示す関数 $G(s)$ を伝達関数と定義できる．

$$G(s) = \frac{Y(s)}{U(s)} \tag{3·1}$$

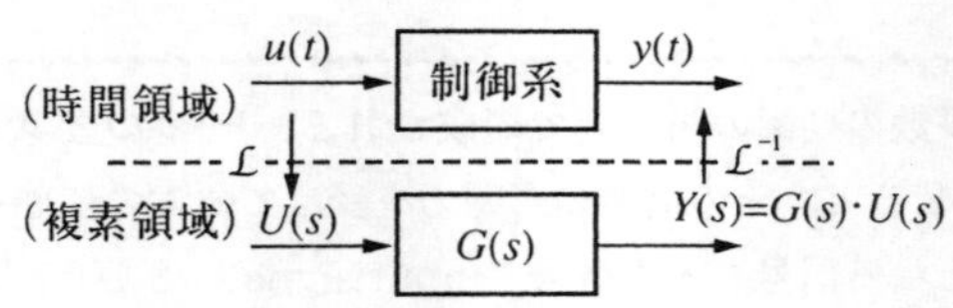

図 3·2　伝達関数

ただし，ラプラス変換を施す際は，すべての初期値を 0 にする．したがって，ある要素の伝達関数がわかっていれば，入力 $u(t)$ による出力 $y(t)$ を式（3·2）に示すようにラプラス逆変換より求めることができる．

式（3·1）より

$$Y(s) = G(s) \cdot U(s)$$

よって，

$$\begin{aligned}\mathcal{L}^{-1}[Y(s)] &= y(t) \\ &= \mathcal{L}^{-1}[G(s) \cdot U(s)]\end{aligned} \tag{3·2}$$

となる．

図 3·3 に示す水槽が一つからなる液面系に対し，入力に流入量 $q_i(t)$，出力に液位 $h(t)$ としたときの伝達関数を求めてみよう．

流入量 $q_i(t)$，流出量 $q_o(t)$ に関する微分方程式を求めると式（3·3）となる．

$$C\frac{dh(t)}{dt} = q_i(t) - q_o(t) \tag{3·3}$$

流出量 $q_o(t)$ と液位 $h(t)$ の関係は，流量係数を c とし，流出断面積を A_0 とすると

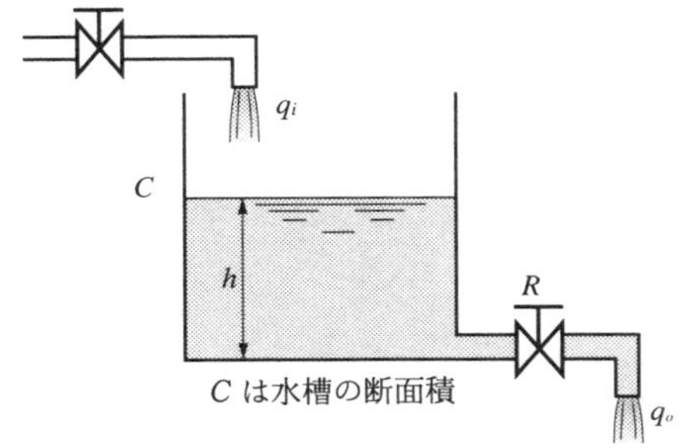

図 3·3　液面系

$$q_o(t) = cA_0\sqrt{2gh(t)} \tag{3·4}$$

として与えられる．ただし，g は重力加速度である．しかも，式（3·4）からもわかるように流出量 $q_o(t)$ と液位 $h(t)$ の関係は，非線形となり，**図 3·4** に示すようになる．そこで，制御工学では，初期値の平衡点 h_0 からの変化分に注目して線形化する方法をとる．

液位が平衡状態にあるときの流入量 q_{i0} と流出量 q_{o0} は，等しいことから式（3·5）が得られる．

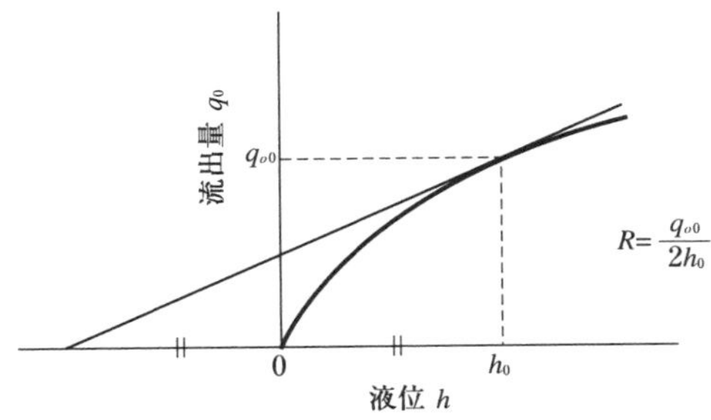

図 3·4　線形化方法

$$q_{i0} = q_{o0} = cA_0\sqrt{2gh_0} \tag{3·5}$$

流入量を q_{i0} からの変化流入量 $\Delta q_i(t)$ を与えた場合の液位の変化（$h_0+\Delta h(t)$）に対応する微分方程式を求める．式（3·3）と（3·5）は

$$C\frac{d}{dt}(h_0+\Delta h(t)) = (q_{i0}+\Delta q_i(t))-(q_{o0}+\Delta q_o(t)) \tag{3·6}$$

$$q_{o0}+\Delta q_o(t) = cA_0\sqrt{2g(h_0+\Delta h(t))}$$
$$= cA_0\sqrt{2g\,h_0\left(1+\frac{\Delta h(t)}{h_0}\right)} \qquad (3\text{•}7)$$

上式で $\Delta h(t)/h_0 \ll 1$ であれば，次式のように近似できる．

$$\sqrt{1+\frac{\Delta h(t)}{h_0}} \fallingdotseq 1+\frac{1}{2}\frac{\Delta h(t)}{h_0}$$

よって，式（3•6）を整理すると

$$C\frac{d}{dt}\Delta h(t) = \Delta q_i(t)-\Delta q_o(t) \qquad (3\text{•}8)$$

$$\Delta q_o(t) = \frac{1}{R}\Delta h(t) \qquad (3\text{•}9)$$

ただし，$R \fallingdotseq 2\,h_0/q_{o0}$ で，**インクレメンタル抵抗**と呼ぶ．

以上より，式（3•8），（3•9）から

$$C\frac{d}{dt}\Delta h(t) = \Delta q_i(t)-\frac{1}{R}\Delta h(t) \qquad (3\text{•}10)$$

となる．そこで，初期値を 0 とおき，ラプラス変換を施す．

入力 $Q_i(s)$，出力 $H(s)$ について整理し，その比を求めれば伝達関数 $G(s)$ は

$$G(s) = \frac{H(s)}{Q_i(s)} = \frac{R}{1+CRs}$$
$$= \frac{R}{1+Ts} \qquad (3\text{•}11)$$

として得られる．ここで，$CR \equiv T$ とすると，伝達関数 $G(s)$ は式（3•11）として表せる．

T は時間の次元を持つパラメータで，応答の速さを示すことから，**時定数**(time constant）という．

例題 3·1 **図 3·5** に示す電気回路で入力 $e_i(t)$，出力 $e_o(t)$ に関する伝達関数 $G(s)$ を求めよ．ただし，R，C は抵抗とコンデンサ容量の値とする．

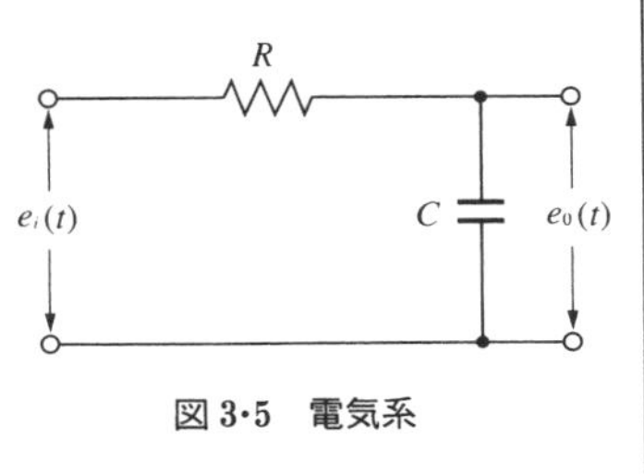

図 3·5 電気系

（解）

入力電圧 $e_i(t)$ によって回路内を流れる電流を $i(t)$ とすると，キルヒホッフの電圧則より

$$e_i(t) = Ri(t) + e_o(t)$$

が得られる．また，出力電圧 $e_o(t)$ は

$$e_o(t) = \frac{1}{C}\int i(t)dt$$

である．よって，上式をそれぞれラプラス変換する．

$$E_i(s) = RI(s) + E_o(s)$$

$$E_o(s) = \frac{1}{Cs} I(s)$$

両式から $I(s)$ を消去して，$E_o(s)/E_i(s)$ を求めれば，伝達関数は

$$G(s) = \frac{E_o(s)}{E_i(s)}$$

$$= \frac{1}{1+CRs} = \frac{1}{1+Ts}$$

として得られる．ただし，$T = CR$ である．

例題の電気系と液面系は同じような結果となっている．液面系，電気系，機械系，そして熱系などではあるパラメータに対して相似的な関係（**アナロジー**：analogy）があるといわれている．その対応を表にまとめると**表 3·1** のようになる．

表 3・1　相似関係

系 / 内容	液面系	電気系	機械系 直動	機械系 回転	熱系
ポテンシャル P	液位 h	電圧 $e=Ri$	力 $f=m\dfrac{dv}{dt}$	トルク $T=Fr$	温度 θ
抵抗 R	流動抵抗 R	抵抗 $R=\dfrac{e}{i}$	ダンパ係数 C	ダンパ係数 C	熱抵抗 R
流量 Q	流量 $Q=Av$	電流 $i=\dfrac{e}{R}$	運動量 $Q=mv$	角運動量 $\Omega=m\omega$	熱量 q
容量 C	液面面積 A	容量 $C=\dfrac{1}{e}\int i\,dt$	バネ係数 k	ねじれ係数 θ	熱容量 C
インダクタンス L	質量 $m=\rho V$	インダクタンス $L=e\Big/\left(\dfrac{di}{dt}\right)$	質量 $m=f\Big/\left(\dfrac{dv}{dt}\right)$	慣性モーメント $I=mr^2$	――

例題 3・2　図 3・6 に示す機械系システムに関する伝達関数を求めよ．ただし，入力に作用力 $f(t)$，出力に変動する変位 $x(t)$ とする．

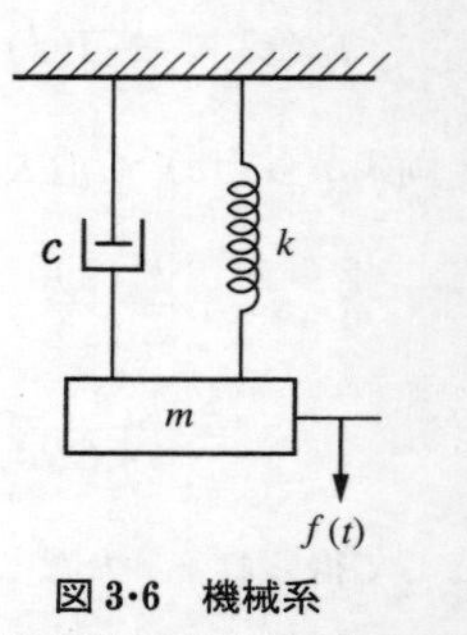

図 3・6　機械系

（解）

ニュートンの運動方程式を求めると

$$m\frac{d^2x(t)}{dt^2}+c\frac{dx(t)}{dt}+kx(t)=f(t)$$

となる．初期値を 0 として，上式をラプラス変換し，伝達関数を求めると

$$G(s)=\frac{1}{ms^2+cs+k}$$

として求めることができる．

3·2 ブロック線図

多くの要素で構成されるシステムを視的にわかりやすく表現する方法に，**ブロック線図**（block diagram），**信号伝達線図**あるいは**信号流れ線図**（signal flow diagram）などがある．

ブロック線図には，**表3·2**に示すような基本的な構成記号がある．要素の伝達関数は矩形枠内に記入し，その左右には入出力信号を表す矢印のついた線分で表現する．信号は**一方向**（unilateral）に伝達する．信号同士の加減算を表す**加え合わせ点**（summing point）は○印を記し，その脇に信号の符号の＋，－を記入する．また，信号の分岐を示す**引出し点**（take off point）は，分岐にともなうエネルギ分配あるいは分流はないものと考え，同じ状態の信号が分岐するだけと考える．

表3·2　ブロック線図の基本記号

名　称	記　号
要　素	
信　号	
加え合わせ点	＋ － (＋)
引出し点	

前節の伝達関数で説明した一つの水槽からなる液面系のブロック線図を求めてみよう．

式（3·8）と式（3·9）のラプラス変換した式をブロック線図で表現すると，それぞれ**図3·7**（a），（b）のようになる．各々の図から入出力信号を明確に決め，信号同士を連結すると**図3·8**のような液面系を構成するブロック線図になる．以上のように，ブロック線図は要素間の入出力関係に重きをおいた図示表現方法となる．

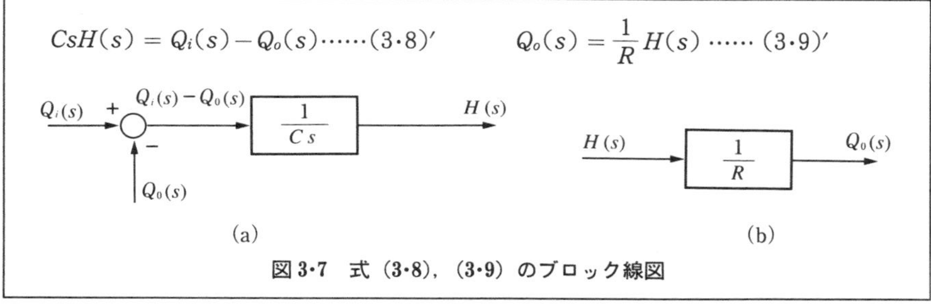

図3·7　式（3·8），（3·9）のブロック線図

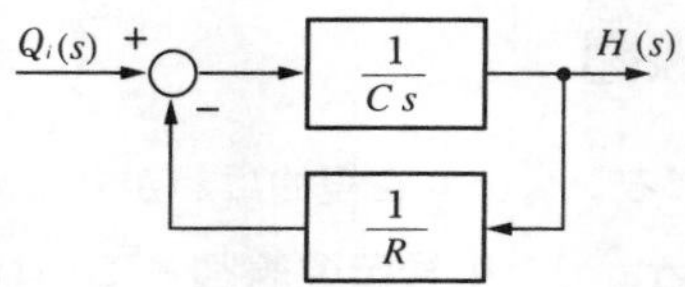

図 3•8 液面系のブロック線図

3・3 ブロック線図の基本結合

ブロック線図には，3つの基本的結合法がある．この結合の接続方法を応用すれば複雑なシステムも簡単にまとめることができる．

(1) 直列結合

直列結合は**図 3•9**（a）に示すように要素同士が直列的に接続する場合である．このような結合を**カスケード結合**（cascade connection）ともいう．直列結合に対する合成を求めると図 3•9（b）のように，要素の伝達関数同士を掛けるだけである．したがって，要素が複数個ある場合も同様にして得られる．

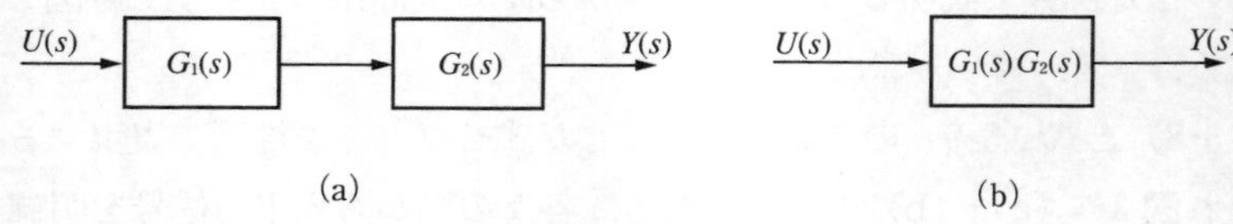

図 3•9 直列接続

【証明】

図 3•9（a）の伝達関数 $G_1(s)$ の出力を $Z(s)$ とすると，おのおのの伝達関数は

$$G_1(s)=\frac{Z(s)}{U(s)} \text{ より，} Z(s)=G_1(s)U(s) \tag{3•12}$$

$$G_2(s)=\frac{Y(s)}{Z(s)} \text{ より，} Y(s)=G_2(s)Z(s) \tag{3•13}$$

式（3•12）を式（3•13）に代入すると

$$Y(s)=G_1(s)G_2(s)U(s) \tag{3•14}$$

を得る．よって，入力 $U(s)$，出力 $Y(s)$ であるから図 3･9（a）は図（b）のようになる．

(2)　並列結合

並列結合は要素同士を並列的に**図 3･10**（a）のように結合した状態である．このような結合状態をまとめると図 3･10（b）のようになる．すなわち，各要素の伝達関数を加え合わせ点の符号に注意して加算すればよい．

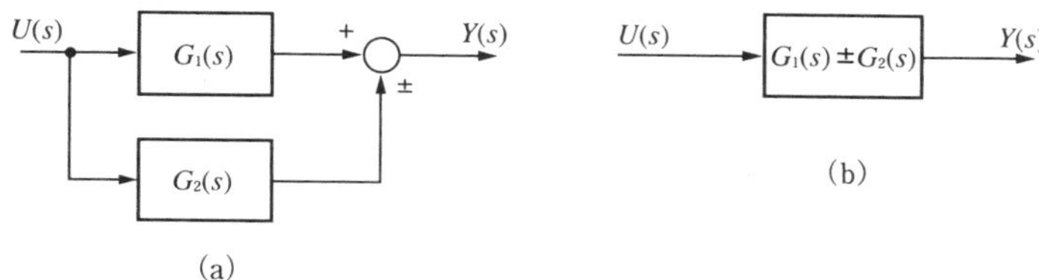

図 3･10　並列接続

【証明】

図 3･10（a）の伝達関数 $G_1(s)$，$G_2(s)$ の出力信号をそれぞれ $Z_1(s)$，$Z_2(s)$ とすると

$$G_1(s) = \frac{Z_1(s)}{U(s)} \text{ より，} Z_1(s) = G_1(s)U(s) \tag{3･15}$$

$$G_2(s) = \frac{Z_2(s)}{U(s)} \text{ より，} Z_2(s) = G_2(s)U(s) \tag{3･16}$$

そして，加え合わせ点での信号の合成は

$$Y(s) = Z_1(s) \pm Z_2(s) \tag{3･17}$$

となることから，式（3･17）へ式（3･15）と式（3･16）を代入する．よって，出力 $Y(s)$ は

$$Y(s) = \{G_1(s) \pm G_2(s)\}\,U(s) \tag{3･18}$$

を得る．よって，図（b）のようになる．

(3)　フィードバック結合

フィードバック結合は，**図 3･11** に示すようなブロック線図となり，多くの

制御システムが構成する基本構造である．伝達関数を求めると

$$\frac{Y(s)}{U(s)}=\frac{G(s)}{1\pm G(s)H(s)} \tag{3・19}$$

となる．このブロック線図で $G(s)$ の伝達関数を**前向き要素**（forward element），$H(s)$ を**フィードバック要素**（feedback element）という．式 (3・19) で分母の $G(s)H(s)$ を**一巡伝達関数**（open-loop transfer function）

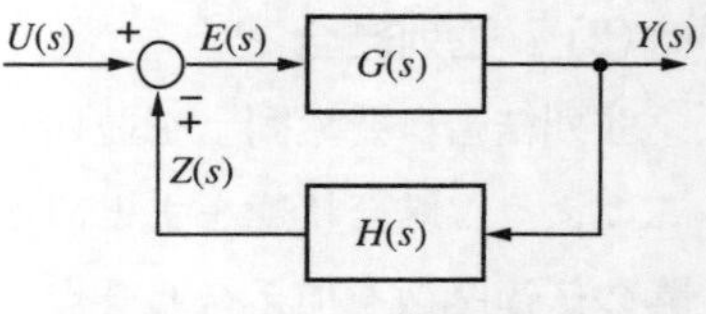

図 3・11　フィードバック接続

といい，$1\pm G(s)H(s)=0$ とおいたときの方程式は，システムの特性を表す方程式になり**特性方程式**（characteristic equation）という．この方程式から得られる解あるいは根を**特性根**という．

特性方程式内の“±”の符号は，図 3・11 のフィードバック信号が“−”のときに＋になり，負帰還，あるいは**負フィードバック**（negative feedback）という．一般的なフィードバックはこの負フィードバックがほとんどであることから，単に負を付けずにフィードバックということが多い．また，“＋”でフィードバックした場合は，特性方程式内の符号が−となり，正帰還，あるいは**正フィードバック**（positive feedback）という．発振器はこのフィードバックを利用している．

【証明】

伝達関数の定義より

$$G(s)=\frac{Y(s)}{E(s)} \text{ より，} E(s)=\frac{Y(s)}{G(s)} \tag{3・20}$$

$$H(s)=\frac{Z(s)}{Y(s)} \text{ より，} Z(s)=H(s)Y(s) \tag{3・21}$$

となる．ここで $E(s)$ を**制御偏差**と呼び，フィードバック制御では，この信号を $e(t)\rightarrow 0$ になるように制御がなされる．加え合わせ点での信号合成は

$$E(s)=U(s)\mp Z(s) \tag{3・22}$$

となることから，式 (3・20)，(3・21) で求めた $E(s)$，$Z(s)$ を代入して整理すると式 (3・19) を得ることができる．

例題 3・3　**図 3・12** に示すブロック線図で入力 $U(s)$，出力 $Y(s)$ としたときの伝達関数を求めよ．

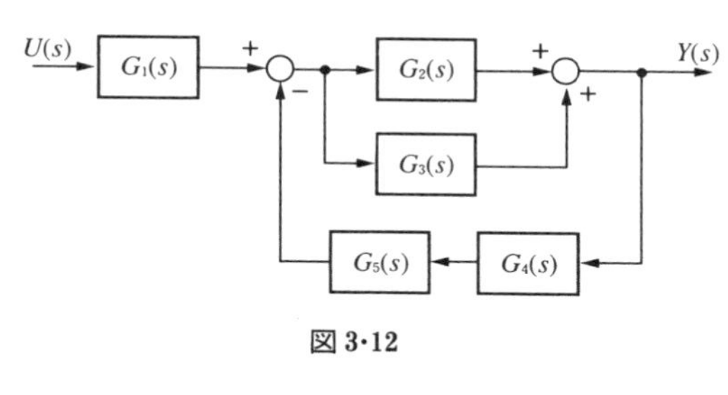

図 3・12

（解）

このブロック線図は，3 つの結合方法の合成で成り立っていることに気づくであろう．よって，以下の手順で整理を行う．

〔1〕 **図 3・13**（a）に示すように，①部分の並列結合と②部分の直列結合の部分に注目して整理を行う．その結果が図（b）のようになる．

〔2〕 図（b）の③部分のフィードバック結合をまとめ，図（c）を求める．

〔3〕 最後に，図（c）の④部分の直列結合を整理すれば最終的な結果を得ることができる．

$$\frac{Y(s)}{U(s)}=\frac{G_1(s)\{G_2(s)+G_3(s)\}}{1+\{G_2(s)+G_3(s)\}G_4(s)G_5(s)}$$

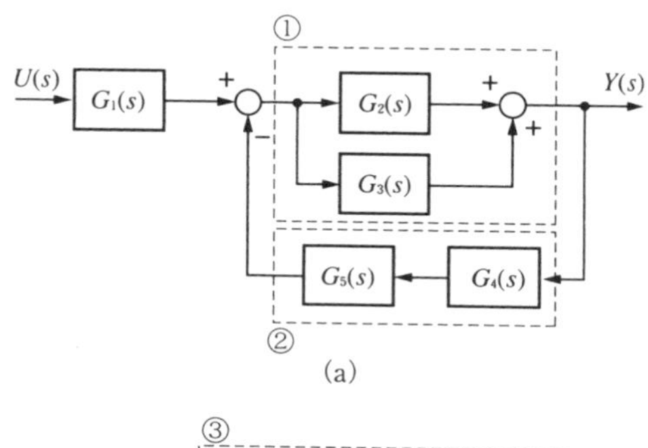

(a)

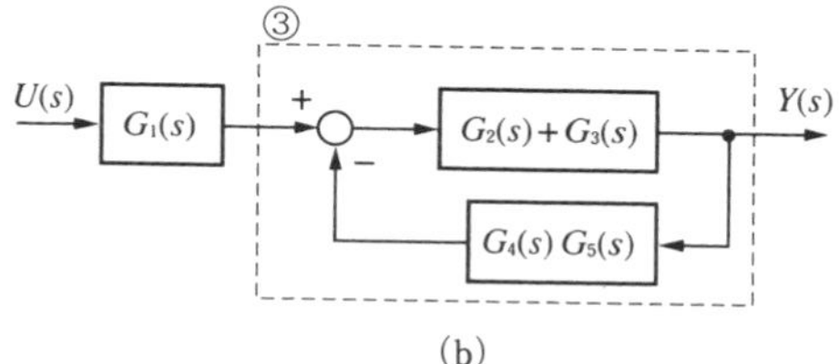

(b)

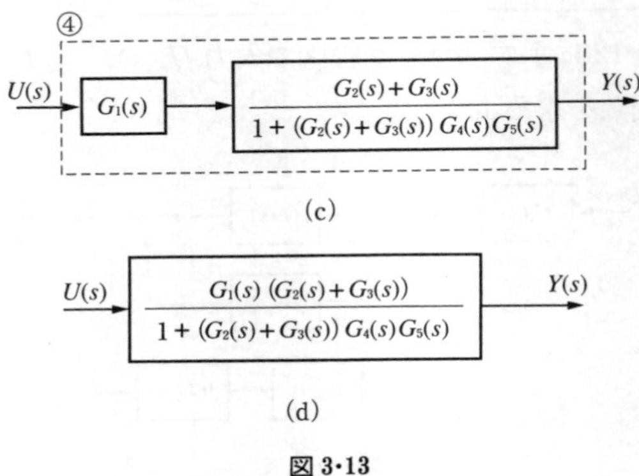

図 3・13

3・4 ブロック線図の等価変換

例題 3・3 で行ったようなブロック線図では，比較的簡単に整理統合ができた．しかし，整理統合が簡単にできない場合は，必要に応じてブロック線図を変形しながら整理を行わなければならない．そこで，入出力関係からいちいち式を算出し，不要な信号を消去していく方法は面倒であり，計算ミスを引き出す可能性もある．ブロック線図を整理統合しやすいように，しかもシステム自体を別なものにせず書き直して求めていく方法がブロック線図の**等価変換**（transformation of block diagram）である．等価変換の代表的なものを次頁の**表 3・3** に示す．

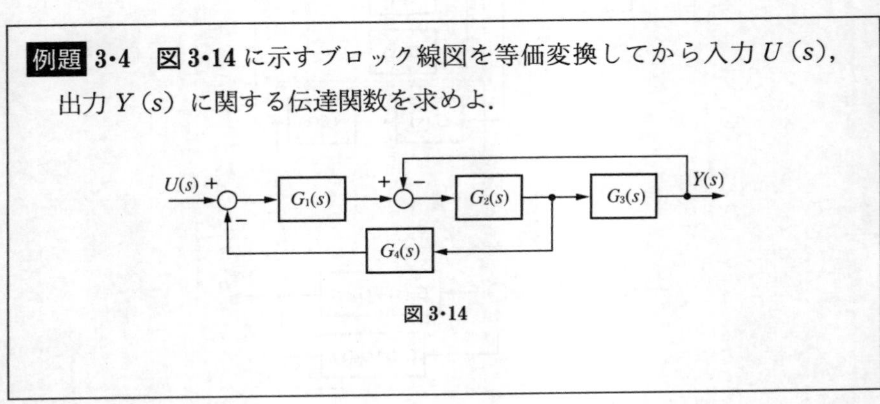

例題 3・4　**図 3・14** に示すブロック線図を等価変換してから入力 $U(s)$，出力 $Y(s)$ に関する伝達関数を求めよ．

図 3・14

表 3・3　ブロック線図の等価変換

No.	変換内容	変換前	変換後
1	要素の順序交換	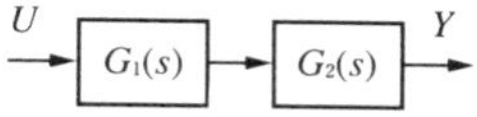 U → $G_1(s)$ → $G_2(s)$ → Y	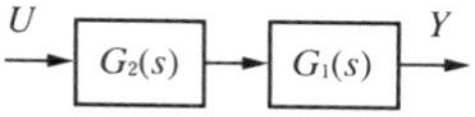 U → $G_2(s)$ → $G_1(s)$ → Y
2	加え合わせ点の交換	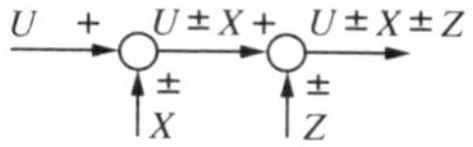 U +, $\pm X$ → $U \pm X$ +, $\pm Z$ → $U \pm X \pm Z$	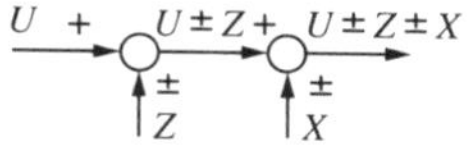 U +, $\pm Z$ → $U \pm Z$ +, $\pm X$ → $U \pm Z \pm X$
3	加え合わせ点を要素前へ移動	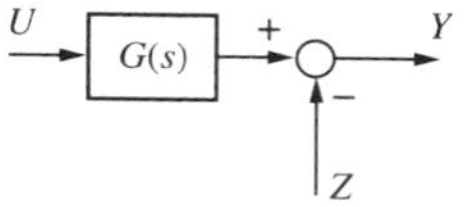 U → $G(s)$ → + −Z → Y	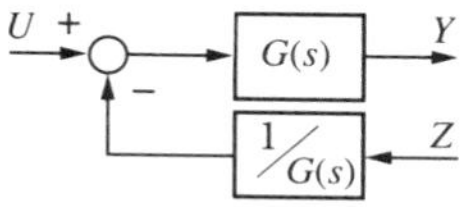 U + −, → $G(s)$ → Y; Z → $1/G(s)$
4	加え合わせ点を要素後へ移動	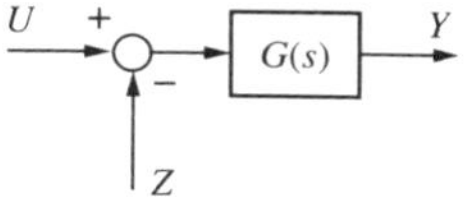 U + −Z → $G(s)$ → Y	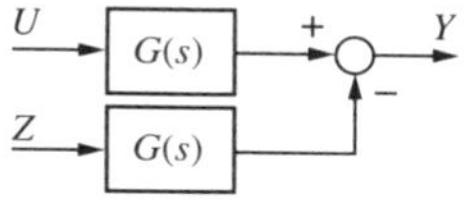 U → $G(s)$ → + → Y; Z → $G(s)$ → −
5	引出し点を要素前へ移動	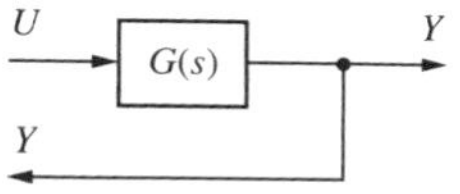 U → $G(s)$ → Y; Y	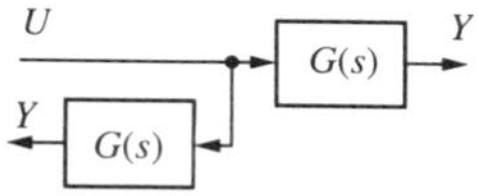 U → $G(s)$ → Y; $G(s)$ → Y
6	引出し点を要素後へ移動	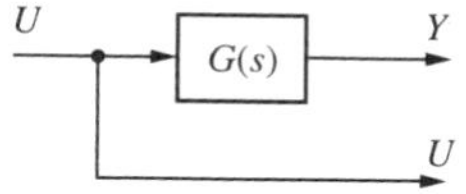 U → $G(s)$ → Y; U	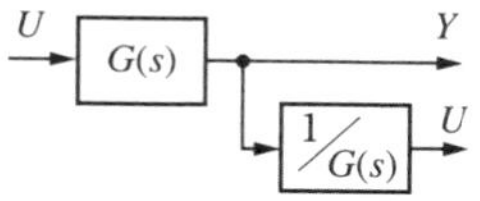 U → $G(s)$ → Y; $1/G(s)$ → U
7	引出し点の交換	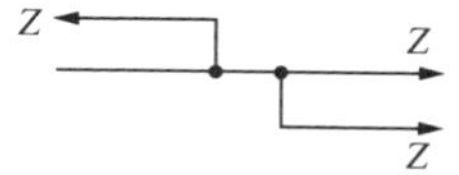 Z, Z, Z	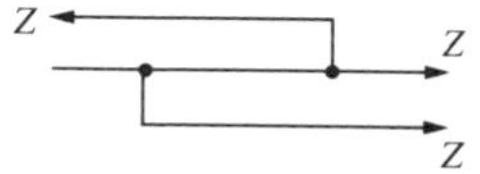 Z, Z, Z
8	引出し点を加え合わせ点前へ移動	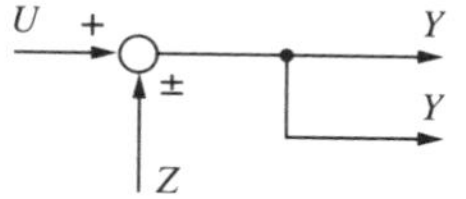 U + ±Z → Y; Y	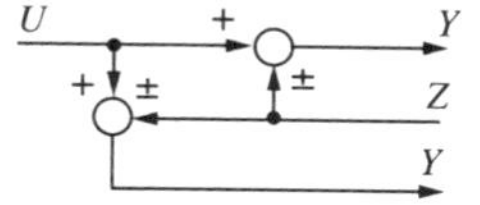 U + ± → Y; + ± Z; Y
9	引出し点を加え合わせ点後へ移動	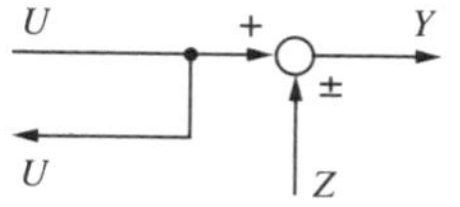 U → + ±Z → Y; U	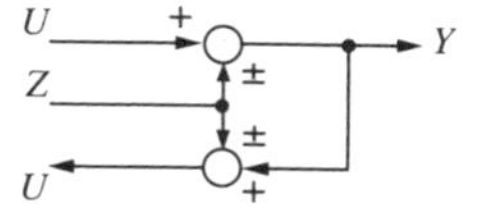 U + ±, Z → Y; ± + → U

（解）

図 3・15（a）に示すように引出し点 A の部分を表 3・3 の No. 6 を利用して，図（b）のように変換する．後は，図（b）の①部分を整理統合した後に，②部分を求め，整理すれば題意に対する伝達関数を求めることができる．ただし，ラプラス領域であるこ

との（s）は省略してある．

$$\frac{Y(s)}{U(s)}=\frac{\dfrac{G_1 G_2 G_3}{1+G_2 G_3}}{1+\dfrac{G_1 G_2 G_4}{1+G_2 G_3}}=\frac{G_1 G_2 G_3}{1+G_2 G_3+G_1 G_2 G_4} \tag{3·17}$$

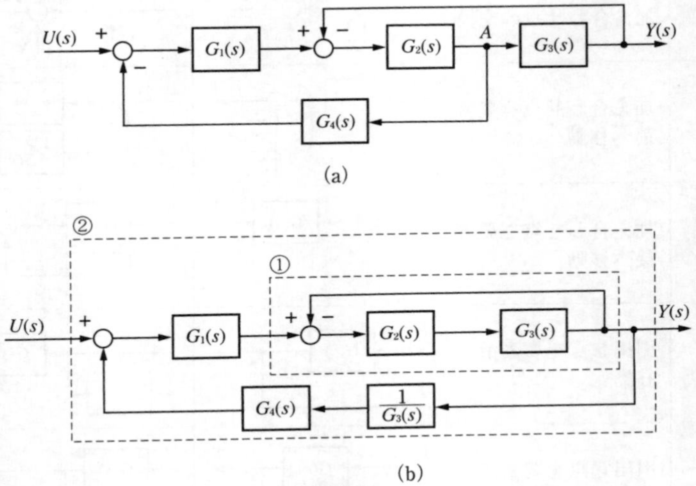

(a)

(b)

図 3·15

3·5　信号伝達線図

信号伝達線図（signal flow diagram）はブロック線図と同様に信号の流れを図示する目的で用いる．ブロック線図と異なる点は，**表 3·4** に示すように信号あるいは変数を○印で表し，**節**（node）という．また，ブロック線図のブロックに相当する矩形枠は，矢印が付いた線分で表現し，その上に伝達関数に対応する**トランスミッタンス**（transmittance），あるいは**伝達特性**に符号を付けて付記する．ただし，＋の場合は省略する．矢印の付いた線のことを**枝**（branch）という．信号が出る枝だけの節を**流出点**（source）という．逆に，入る枝だけの節を**流入点**（sink）という．このような信号伝達線図は丸印と線分で表現できることから複雑なブロック線図も簡単に図示できる特徴がある．また，先に説明したブロック線図は各要素間での入出力関係に重点をおいた図示方法であるのに対比して，信号伝達線図は信号あるいは変数に重点をおいた図示表現方法であるといえる．

表 3･4　ブロック線図と信号伝達線図の対比

内容	ブロック線図	信号伝達線図
要素	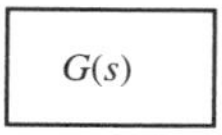 $G(s)$	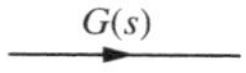 $G(s)$
信号または変数	 →	○
加え合わせ点	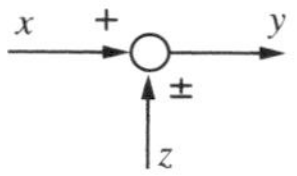 x ＋ y ± z	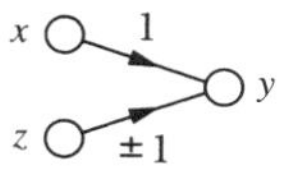 x 1 y z ±1
引出し点	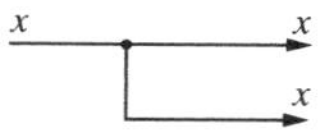 x x x	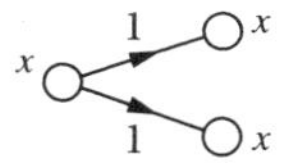 x 1 x 1 x

例えば，例題 3･4 のブロック線図を信号伝達線図で表現する手順を以下に示す．

〔1〕 **図 3･16** (a) に示すようにブロック線図の信号に名前のついていない信号部分に変数名を付記する．ただし，加え合わせ点では信号が合成される信号に変数名を付ける．

〔2〕 信号の数だけ○印を書き，変数名も書く．

〔3〕 各信号に注目し，入ってくる信号を矢印を記した枝で信号同士を結ぶ．節同士を枝で結ぶ際に，枝同士の線ができる限り交差しないように工夫する．避けられない場合は，線をまたぐ形状 (-⌒-) で表現するとよい．

〔4〕 枝の上にトランスミッタンス（伝達関数に相当）を記入する．特に，入ってくる信号だけの場合は，信号の符号に注意してトランスミッタンスを 1 とする．

〔5〕 求める信号伝達線図は図 3･16 (b) のようになる．

このような信号伝達線図から，流出点（入力）から流入点（出力）に至るトランスミッタンス（伝達関数）を得るには，三通りの方法がある．

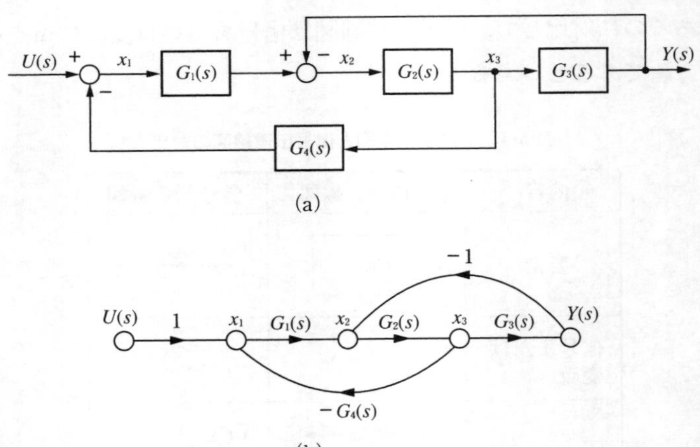

図 3・16　例題 3・4 の信号伝達線図

1)　各信号に対する多元連立方程式を求め，消去法より求める方法

2)　ブロック線図の等価変換法と同様に，信号伝達線図の等価変換法を用いて求める方法

3)　グラフ理論で開発された**メイソンの公式**（Mason's formula）を利用して求める方法

これから説明する方法は，1）と 3）の二つの方法について説明する．

初めに，消去法より求める方法では，図 3・16（b）の各信号ごとの多元連立方程式を求める．

$$
\left.
\begin{array}{ll}
x_1 = U(s) - G_4(s)x_3 & \cdots\cdots\cdots(1) \\
x_2 = G_1(s)x_1 - Y(s) & \cdots\cdots\cdots(2) \\
x_3 = G_2(s)x_2 & \cdots\cdots\cdots(3) \\
Y(s) = G_3(s)x_3 & \cdots\cdots\cdots(4)
\end{array}
\right\} \quad (3 \cdot 18)
$$

として得られる．信号の $x_1 \sim x_3$ を順次消去すればよい．例えば，式（1），（4）より

$$
x_1 = U(s) - \frac{G_4(s)}{G_3(s)}\,Y(s) \qquad \cdots\cdots\cdots(5)
$$

また，式（2），（3），（4）より

$$Y(s) = G_2(s)G_3(s)\,x_2 = G_2(s)G_3(s)\{G_1(s)x_1 - Y(s)\} \qquad \cdots\cdots\cdots(6)$$

よって，式（5）と（6）より変数x_1を消去し，整理すると

$$Y(s) = G_1(s)G_2(s)G_3(s) - \{G_1(s)G_2(s)G_4(s) + G_2(s)G_3(s)\}\,Y(s)$$

$$Y(s) = \frac{G_1(s)G_2(s)G_3(s)}{1 + G_2(s)G_3(s) + G_1(s)G_2(s)G_4(s)} \qquad \cdots\cdots\cdots(7)$$

以上の結果と式（3・17）で得た結果とは同じ結果となる．

次に，メイソンの公式について説明しよう．ただし，証明は他書に譲るものとする．この方法は線図をいじることなく希望する入出力関係のトランスミッタンスを求めることができる簡単な方法である．

ある2点間のトランスミッタンス（伝達関数）Gは

$$G = \frac{y}{x} = \frac{\sum_k P_k \varDelta_k}{\varDelta} \tag{3・19}$$

として求めることができる．ただし，$\varDelta$は，**グラフデターミナント**（graph determinant）で

$$\varDelta = 1 - \Sigma L_i + \Sigma L_i L_j - \Sigma L_i L_j L_k + \cdots\cdots$$

として与えられる．

ここで，

ΣL_i ：信号伝達線図内でループを形成するループトランスミッタンスでL_iとする．おのおののループトランスミッタンスの和をとったものがΣL_iとなる．ただし，ループは同じ枝，節を2度通過してはならない条件を有する．

$\Sigma L_i L_j$ ：ΣL_iで得たループで，共有しない節を持つ2つのループ同士（独立なループという）のトランスミッタンス積を求め，幾つかある場合はその和をとったものが$\Sigma L_i L_j$となる．

$\Sigma L_i L_j L_k$ ：上の場合と同様で3つのループが独立であるとき，そのループ同士のループトランスミッタンスの積を求め，その和をとったものが$\Sigma L_i L_j L_k$となる．

また，P_k, $\varDelta_k$は，以下のように定義される．

P_k ：信号の流れで流出点から流入点に至る矢印方向に沿ったトランスミッタンスで**パストランスミッタンス**（path transmittance）という．ただし，節や枝は２度通過してはいけない条件は同じである．複数のパスがある場合には Δ_k との積を求め，k について加算する．

Δ_k ：パストランスミッタンスを求めた際に通過した節，枝をΔから除去した残りのグラフデターミナントとなる．したがって，Δでパス P_k と結合するトランスミッタンスを０とおいた残りのΔである．これを**パスファクタ**（path factor）という．

先の例題をこのメイソンの公式で求めると，**図 3･17** に示すようにループは２つ存在する．

$$L_1 : x_1 \to x_2 \to x_3 \to x_1 \qquad = -G_1(s)G_2(s)G_4(s)$$

$$L_2 : x_2 \to x_3 \to Y(s) \to x_2 \qquad = -G_2(s)G_3(s)$$

この２つのループは共有する枝，節を持つことから互いに独立なループでないことからグラフデターミナントΔは

$$\begin{aligned}\Delta &= 1-(L_1+L_2)\\ &= 1+G_2(s)G_3(s)+G_1(s)G_2(s)G_4(s)\end{aligned}$$

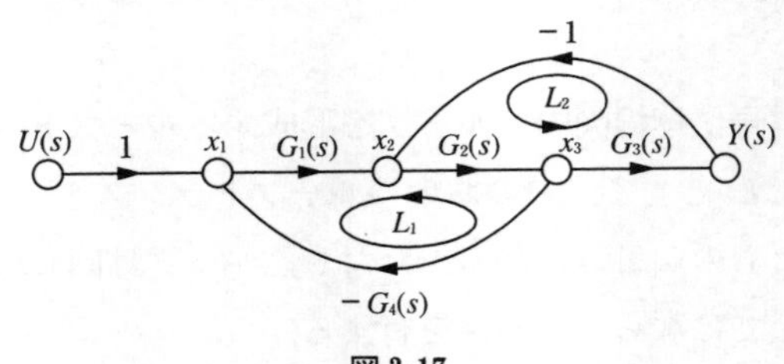

図 3･17

となる．

次に，流出点から流入点に至るパスを求めると $U(s) \to x_1 \to x_2 \to x_3 \to Y(s)$ となる１本だけである．よって，そのパスに対するトランスミッタンスを求めると

$$P_1 = G_1(s)G_2(s)G_3(s)$$

となり，このパスに結合するループを取り除くと L_1，L_2 がΔから消える．よっ

て，パスファクタ $\Delta_k=1$ となる．以上の結果を式（3•19）に代入すると

$$\frac{Y(s)}{U(s)}=\frac{G_1(s)G_2(s)G_3(s)}{1+G_2(s)G_3(s)+G_1(s)G_2(s)G_4(s)}$$

となり，メイソンの公式より得られた結果と式（3•17）の結果は同じとなり，しかも簡単な方法で同じ結果を得ることができる．

例題 3•5　図 3•18 に示す信号伝達線図で流出点 $U(s)$，流入点 $Y(s)$ としたときのトランスミッタンスをメイソンの公式より求めよ．

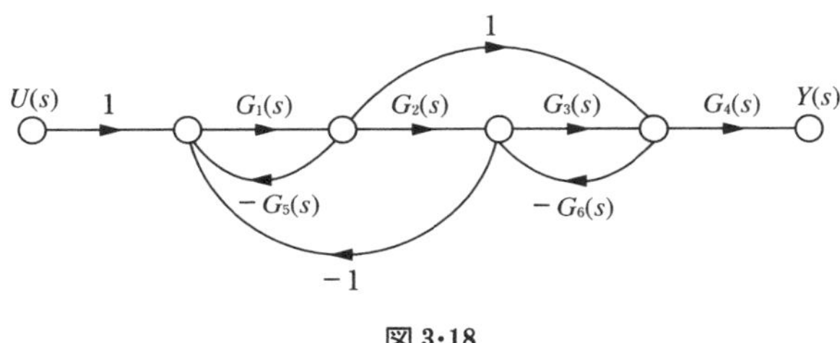

図 3•18

（解）

図 3•19 のように信号に変数名を付け，形成するループを求める．ただし，ループの順位は不同である．

$$L_1 : x_1 \to x_2 \to x_1 \qquad = -G_1(s)G_5(s)$$

$$L_2 : x_1 \to x_2 \to x_3 \to x_1 \qquad = -G_1(s)G_2(s)$$

$$L_3 : x_3 \to x_4 \to x_3 \qquad = -G_3(s)G_6(s)$$

$$L_4 : x_1 \to x_2 \to x_4 \to x_3 \to x_1 \qquad = G_1(s)G_6(s)$$

の 4 つとなる．また L_1 と L_3 のループは節，枝を共有するものがないことから独立なループになる．よって，グラフデターミナント Δ は

$$\begin{aligned}\Delta &= 1-(L_1+L_2+L_3+L_4)+L_1L_3\\ &= 1+G_1(s)G_2(s)+G_1(s)G_5(s)-G_1(s)G_6(s)+G_3(s)G_6(s)\\ &\quad +G_1(s)G_3(s)G_5(s)G_6(s)\end{aligned}$$

として求められる．

次に，パストランスミッタンス P_k とパスファクタ Δ_k を求める．

流出点 $U(s)$ から流入点 $Y(s)$ に至るパスは 2 本ある．それは，

$$P_1 = U(s) \to x_1 \to x_2 \to x_3 \to x_4 \to Y(s) \quad = G_1(s)G_2(s)G_3(s)G_4(s)$$

$$P_2 = U(s) \rightarrow x_1 \rightarrow x_2 \rightarrow x_4 \rightarrow Y(s) \qquad = G_1(s)G_4(s)$$

パスにともなって，パスファクタはそれぞれ

$$\varDelta_1 = 1$$

$$\varDelta_2 = 1$$

となる．よって，流出点 $U(s)$ から流入点 $Y(s)$ に至るトランスミッタンスは

$$\frac{Y(s)}{U(s)} = \frac{G_1(s)G_4(s) + G_1(s)G_2(s)G_3(s)G_4(s)}{1 + G_1(s)G_2(s) + G_1(s)G_5(s) - G_1(s)G_6(s) + G_3(s)G_6(s) + (*)}$$

$$(*) = G_1(s)G_3(s)G_5(s)G_6(s)$$

となる．

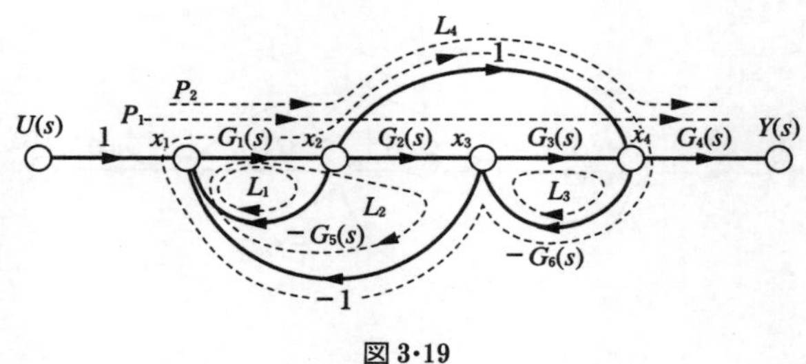

図 3・19

3章 練習問題

1. 図 3・20，図 3・21 に示す液面系の微分方程式を求め，以下の問に対する伝達関数を求めよ．ただし，C_1，C_2，C_3 は水槽の断面積，h_1，h_2，h_3 は液位，R_1，R_2，R_3 は弁の抵抗（インクレメンタル抵抗）とする．

1) 入力に流入点 $q_i(t)$，出力に液位 $h_2(t)$ としたとき

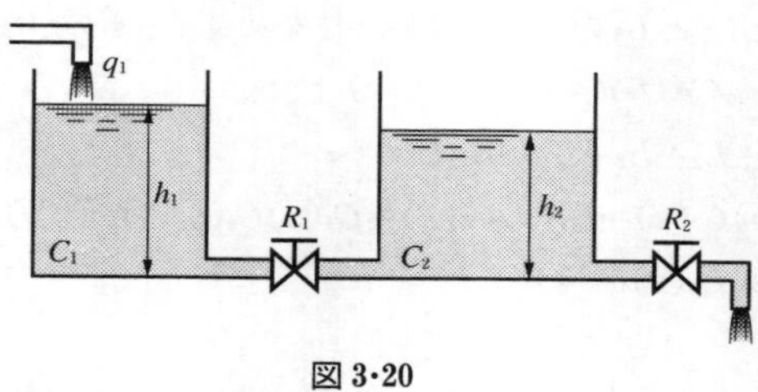

図 3・20

2) 入力に流入点 $q_i(t)$，出力に液位 $h_3(t)$ としたとき

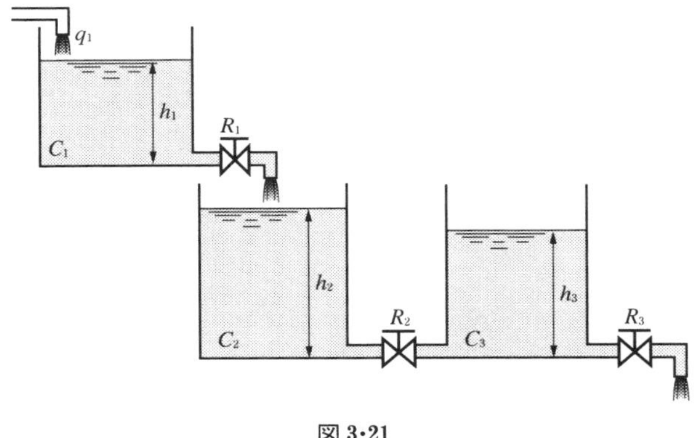

図 3・21

2. 図 3・22，図 3・23 に示す機械振動系で外力 f を入力にし，変位 x_2 を出力にしたときの微分方程式を求め，その伝達関数を求めよ．ただし，m_1，m_2 は質量，c_1，c_2 はダンパ係数，k_1，k_2 はバネ係数，そして x_1，x_2 は変位とする．

1)

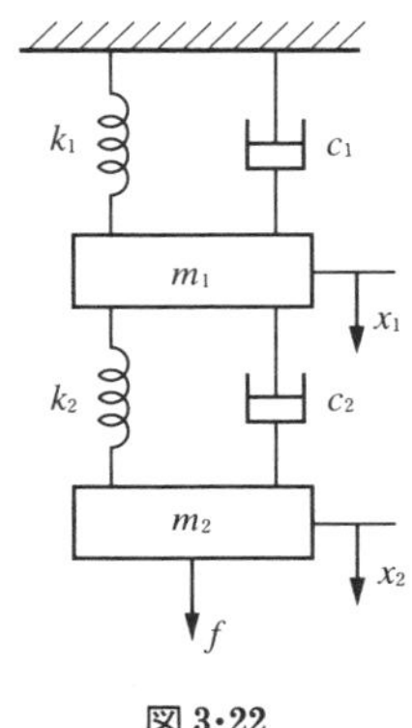

図 3・22

2)　ただし，物体と接触する面との間の摩擦は，ないものとする．

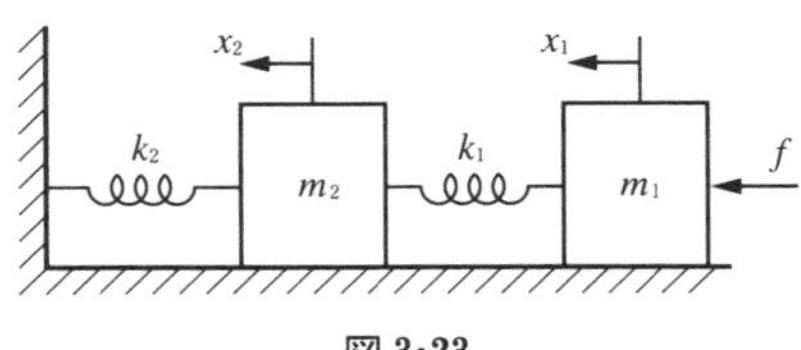

図 3・23

3. 問題1の液面系に対するブロック線図をそれぞれ求めよ.

4. 問題2の機械振動系に対するブロック線図をそれぞれ求めよ.

5. **図3・24，図3・25**で示す電気回路の伝達関数を求めよ.

1）入力に供給電圧 $e_i(t)$，出力に端子電圧 $e_o(t)$

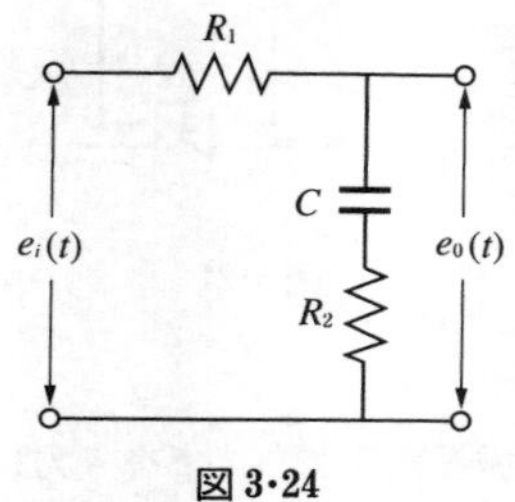

図3・24

2）入力に供給電圧 $e_i(t)$，出力に回路を流れる電流 $i(t)$

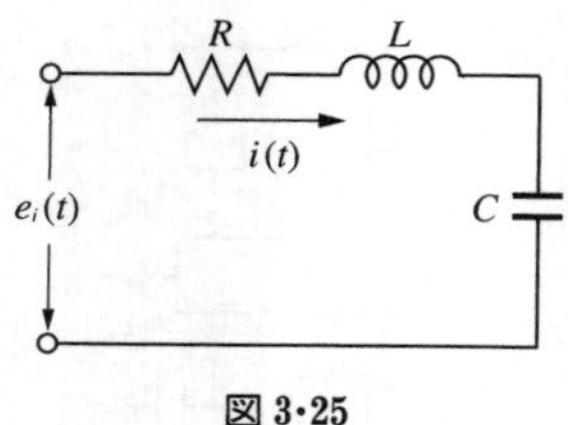

図3・25

6. **図3・26～図3・28**で示すブロック線図の伝達関数を等価変換などを利用して求めよ. ただし，入力 $U(s)$，出力 $Y(s)$ とする.

1）

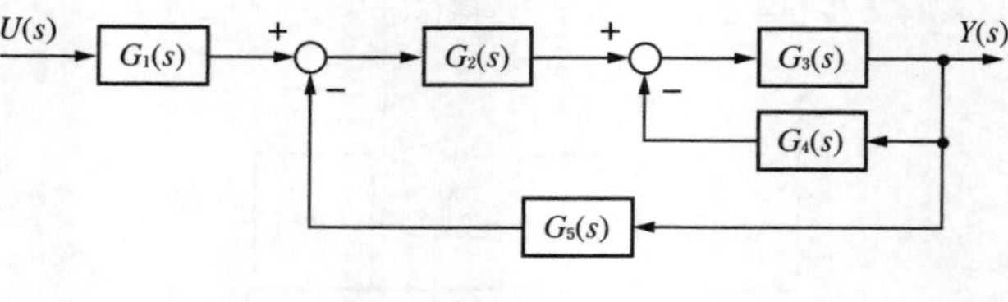

図3・26

2)

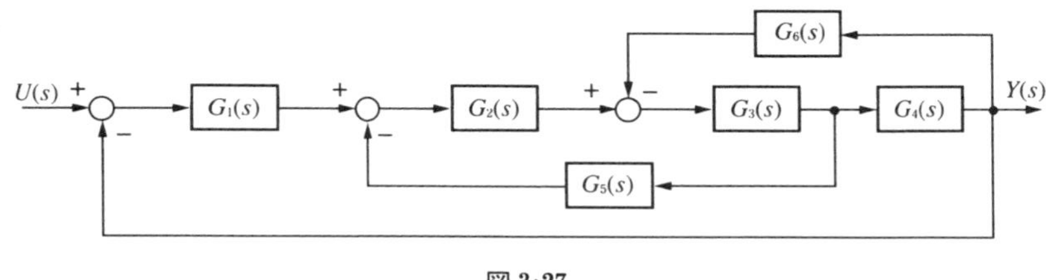

図 3・27

3)

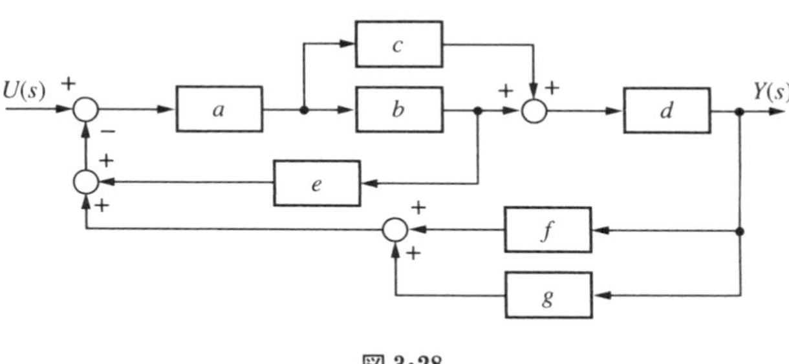

図 3・28

7. 問題3で得たブロック線図を信号伝達線図に変換し，トランスミッタンスを求め，問題1で得た結果と同じ結果になるかを確認せよ．

8. 問題4で得たブロック線図を信号伝達線図に変換し，トランスミッタンスを求め，問題2で得た結果と同じ結果になるかを確認せよ．

9. **図 3・29～図 3・31** までの信号伝達線図で流出点（入力）x，流入点（出力）yとしたときのトランスミッタンスをそれぞれ求めよ．ただし，a～jはそれぞれのトランスミッタンスとする．

1)

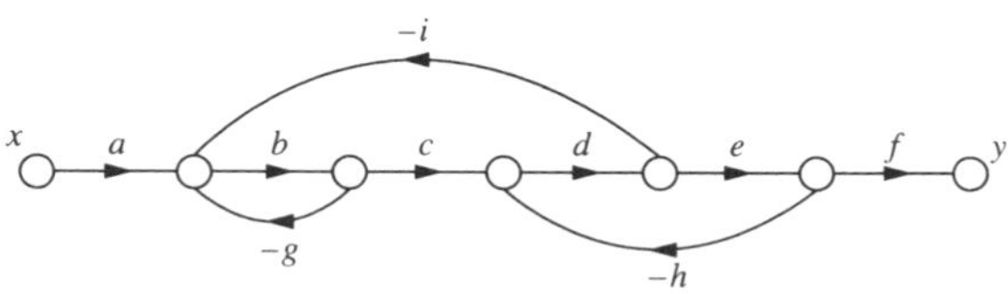

図 3・29

2)

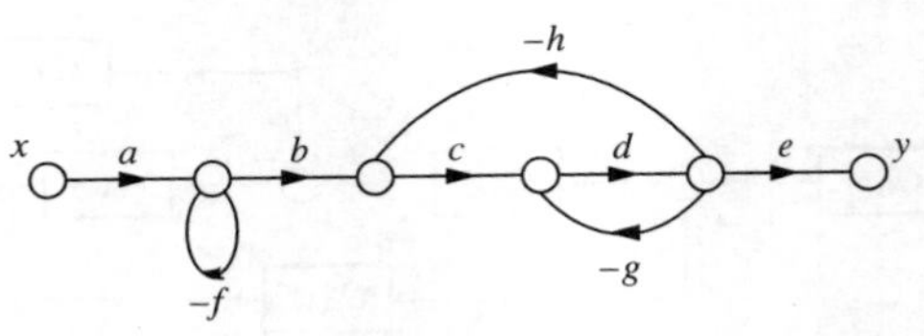

図 3·30

3)

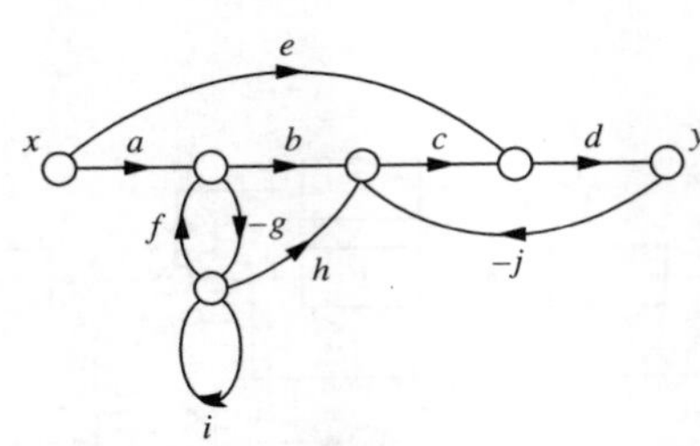

図 3·31

10.　連立方程式より流出点（入力）x，流入点（出力）y としたときの信号伝達線図を描き，そのトランスミッタンスをそれぞれ求めよ．ただし，$x_1 \sim x_5$ は信号あるいは変数とし，$a \sim h$ はそれぞれのトランスミッタンスとする．

1)　$x_1 = x + ax_2 + bx_3 - cx_5$

$x_2 = dx_1$

$x_3 = ex_2 - x_4$

$x_4 = fx_3$

$x_5 = gx_4$

$y = hx_5$

2)　$x_1 = x - x_2 - x_3$

$$x_2 = x_1 - \frac{dx_2}{dt}$$

$$x_3 + \frac{dx_2}{dt} = 2x_2$$

$y = x_2 + x_3$

11.　例題 3·5 で示した信号伝達線図のトランスミッタンスを変数の消去法より求めよ．

第4章

システムの応答

要素や要素同士が結合したシステムにある入力信号を印加したとき，その信号によって要素やシステムの変化を時間の経過とともに外部へ取り出すことを**応答**（response）という．応答は，入力の種類によって，過渡応答と周波数応答に分けることができる．過渡応答は，入力信号によってシステムの時間経過とともに変化する状態の**過渡状態**（transient state）と初期状態と同じ状態になる**定常状態**（steady state）からなる．その定常状態となる応答を**定常応答**（steady response）といい，$t \to \infty$の状態と考える．また，周波数応答は正弦波入力によるシステムの定常応答である．この章では各種入力信号を開ループを形成するシステムに与えたときの応答について述べる．

4･1 過渡応答

要素やシステムの特性を知るには，規則的に変化する刺激（入力）を要素やシステムに与え，そのときの反応から特性を調べる．したがって，定常状態から再び定常状態に落ち着くまでの時間的経過の反応を**過渡応答**（transient response）という．この応答は要素やシステムの動特性を評価する方法に用いる．一般的に用いる規則的な入力信号としては，

1) ステップ入力

2) インパルス入力

3) ランプ入力

の3種類がある．その中でも，ステップ入力とインパルス入力を利用することが多い．これらの入力信号 $x(t)$ に対する応答 $y(t)$ との関係を**図4･1**に示す．

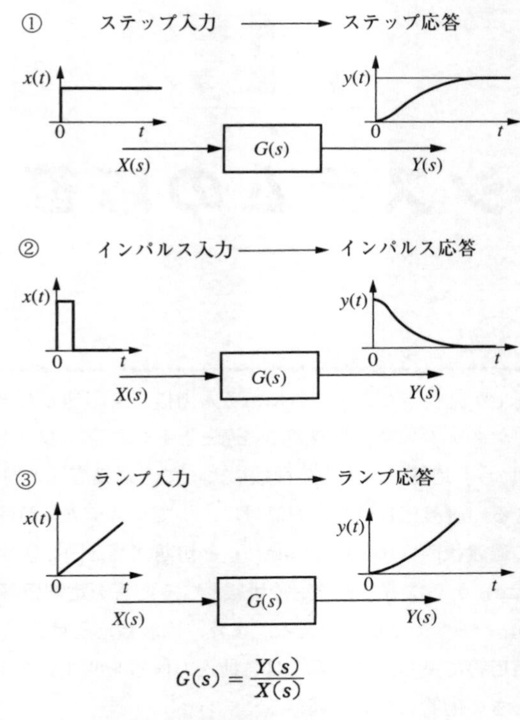

$$G(s) = \frac{Y(s)}{X(s)}$$

図 4・1　入力信号に対する応答の関係

制御工学でよく用いる基本的な要素には，比例要素，積分要素，微分要素，一次遅れ要素，二次遅れ要素，高次遅れ要素そしてむだ時間要素などがある．これらの要素構成を簡単に説明し，各要素にステップ入力を与えたときの過渡応答について述べる．

(1)　比例要素（proportional element）

入力と出力との間に時間的遅れがなく，しかも比例関係を保つ要素を比例要素という．伝達関数で表すと式（4・1）になる．

$$G(s) = \frac{Y(s)}{X(s)} = K \tag{4・1}$$

ここで，Kを**比例ゲイン**（proportional gain）という．

一例として，**図 4・2** に示すような機械系バネの弾性範囲内で作用する力 $f(t)$

とバネの伸び $x(t)$ の関係や電気系の端子電圧 $e(t)$ に対する電流 $i(t)$ との関係などが考えられる．それぞれの入出力に対する伝達関数を求めると式（4・1）と同じになる．

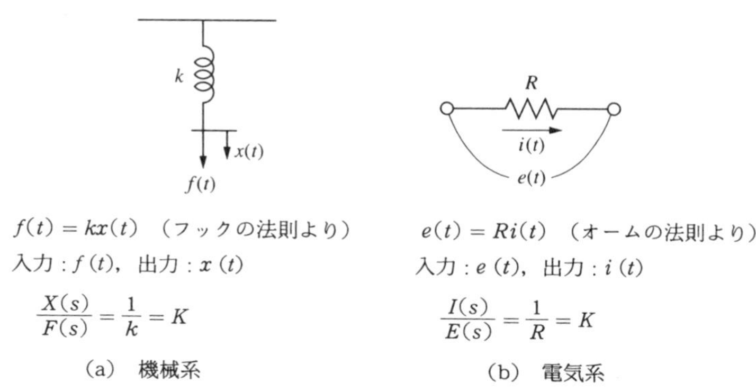

図 4・2 比例要素

このような伝達関数に大きさ 1 のステップ入力（単位ステップ入力）を印加すると**図 4・3** に示すような比例関係の応答になる．一般的に，単位ステップ入力に対するステップ応答を**インディシャル応答**（inditial response）という．

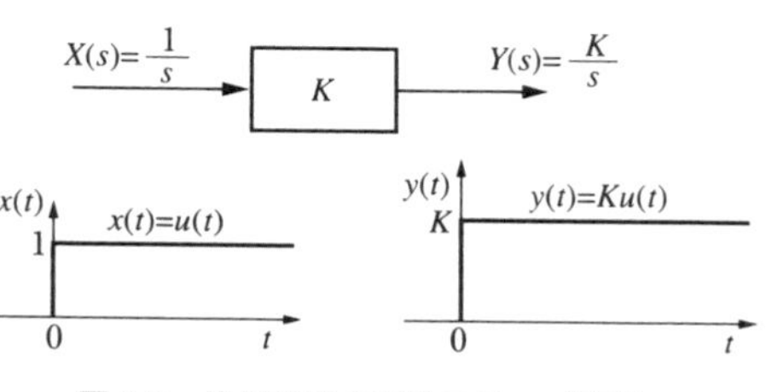

図 4・3 比例要素の単位ステップ応答

(2) 積分要素（integration element）

積分要素とは，入力信号を積分したものが出力となるような要素である．伝達関数で表すと式（4・2）で表せる．

$$G(s) = \frac{Y(s)}{X(s)} = \frac{1}{T_I s} \tag{4・2}$$

T_I を**積分時間**（integral time），あるいは $1/T_I$ を**リセット率**（reset rate）という．

一例として，**図 4・4** に示すようにシリンダ内に入る流量 $q(t)$ に対するピストンロッドの移動変位 $x(t)$ との関係や電気系でのコンデンサにおける供給電圧 $e(t)$ に対する電流 $i(t)$ との関係などが対応する．

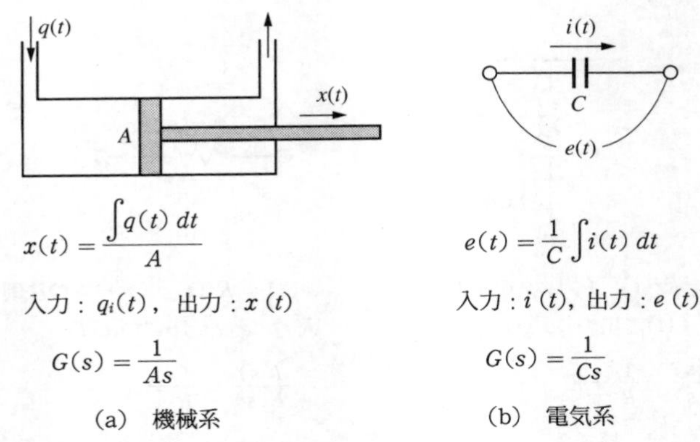

$$x(t) = \frac{\int q(t)\,dt}{A}$$

入力：$q_i(t)$，出力：$x(t)$

$$G(s) = \frac{1}{As}$$

(a)　機械系

$$e(t) = \frac{1}{C}\int i(t)\,dt$$

入力：$i(t)$，出力：$e(t)$

$$G(s) = \frac{1}{Cs}$$

(b)　電気系

図 4･4　積分要素

このような積分要素に単位ステップ入力を印加すると**図 4･5** のようなステップ応答になる．

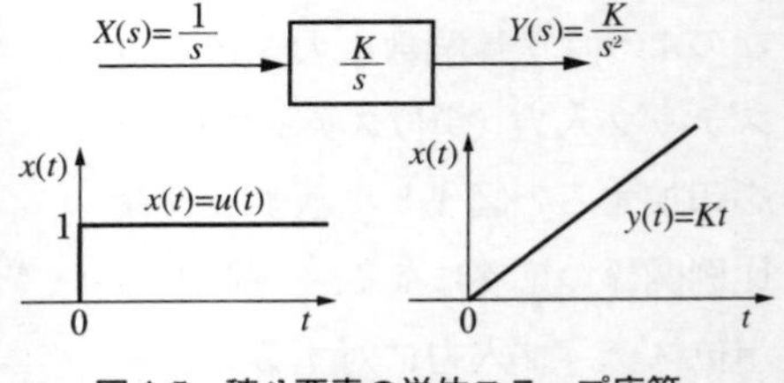

図 4･5　積分要素の単位ステップ応答

(3)　微分要素（differentional element）

微分要素は，積分要素の入力と出力変数を逆にした関係にある．伝達関数は，次式のように示される．

$$G(s) = \frac{Y(s)}{X(s)} = T_D\,s \tag{4･3}$$

ここで，T_D は**微分時間**（derivative time）という．ただし，信号伝達系では，入力を純粋に微分する要素がないことに注意しよう．

図 4･6 (a) に示すように，機械系では振動の抑制機構として用いる**減衰器**(damper)，あるいは**ダシュポット**（dashpot）がこの要素に対応する．これらはロッドに作用する力 $f(t)$ とロッドの移動変位 $x(t)$ との間に発生する粘性が影響を与えるためである．ρ は液体の粘性係数とする．また，電気系回路では同図（b）のように，インダクタンス L を有するコイルに流れる電流 $i(t)$

と端子電圧 $e(t)$ との関係が対応する.

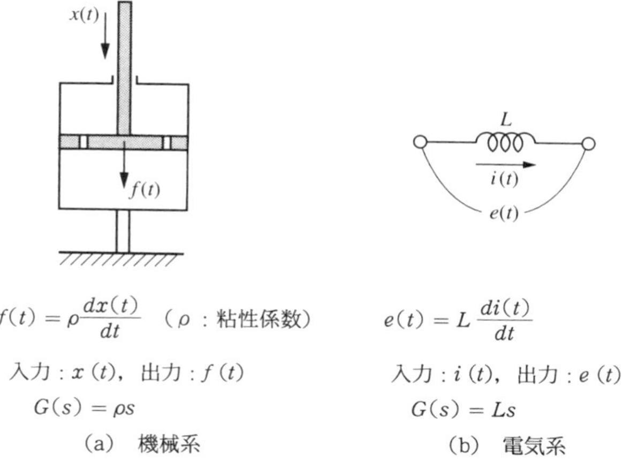

$$f(t) = \rho \frac{dx(t)}{dt} \quad (\rho : 粘性係数)$$

入力：$x(t)$，出力：$f(t)$

$$G(s) = \rho s$$

(a) 機械系

$$e(t) = L \frac{di(t)}{dt}$$

入力：$i(t)$，出力：$e(t)$

$$G(s) = Ls$$

(b) 電気系

図 4・6 微分要素

このような微分要素に対する単位ステップ応答は**図 4・7** のようになる.

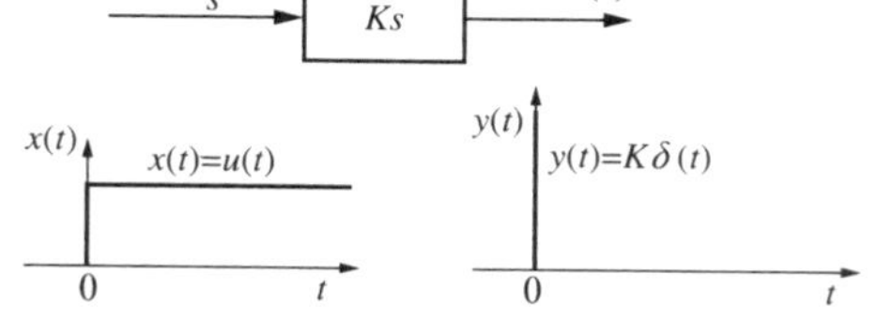

図 4・7 微分要素の単位ステップ応答

(4) 一次遅れ要素（first order lag element）

入出力関係の微分方程式が線形 1 階微分方程式で表されるような要素が一次遅れ要素である．よって，伝達関数は式（4・4）に示すような分母の s の次数が 1 次で構成することから付けられた要素である.

$$G(s) = \frac{Y(s)}{X(s)} = \frac{K}{1+Ts} \tag{4・4}$$

ここで，T は**時定数**（time constant）といい，K は**ゲイン定数**（gain constant）という．特に，時定数は入力信号の印加にともなう系の応答の速さを表すパラメータである.

このような一次遅れ要素は，水槽が一つからなる液面系（図 3・3）や**図 4・8** および**図 4・9** に示す電気系回路，機械系システムなどが対応する．液面系と電気系回路については，すでに前章の **3·1** 節のところで（電気系回路は例題 3·1 で）説明がすんでいることから省略することにし，ここでは機械系システムについて以下に説明する．

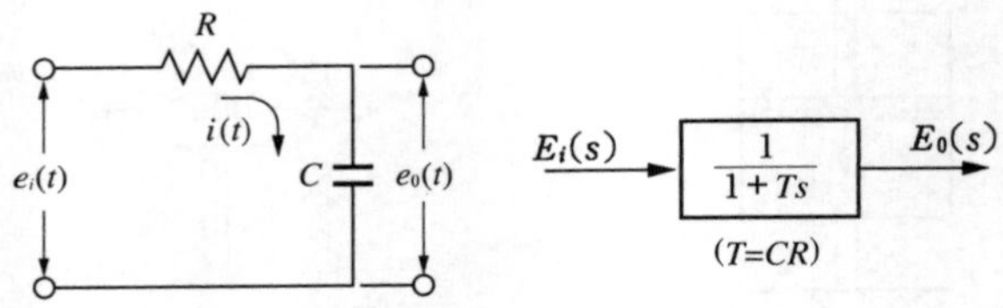

図 4·8　電気系の一次遅れ要素

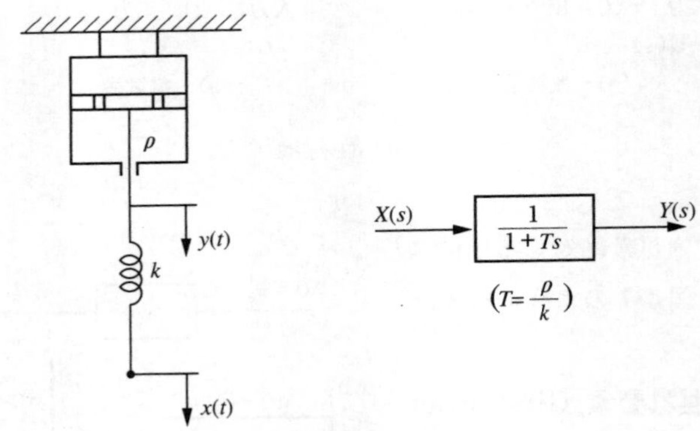

図 4·9　機械系の一次遅れ要素

図 4·9 に示すシステムの微分方程式は，ダシュポットによる抵抗力とバネによる弾性力のつり合いより式（4·5）が得られる．ただし，ρ はダシュポット内の液体による粘性係数とする．式（4·5）をラプラス変換し，伝達関数を求める式（4·4）と同じ結果になることが理解できるであろう．

$$\rho\frac{dy(t)}{dt}=k(x(t)-y(t)) \tag{4·5}$$

$$\rho sY(s)=k(X(s)-Y(s))$$

$$\frac{Y(s)}{X(s)}=\frac{1}{1+Ts}$$

ただし，$T=\rho/k$ とする．

一次遅れ要素に単位ステップ入力を印加したときの出力は

$$Y(s) = G(s)X(s) = \frac{K}{1+Ts}\frac{1}{s} \tag{4·6}$$

となる．特性根は 0 と $-1/T$ となることから部分分数に置き換えてからラプラス逆変換すると

$$y(t) = K\left(1-e^{-\frac{t}{T}}\right) \tag{4·7}$$

として求められる．そのときの応答を**図 4·10** に示す．入力に変化を与えてもある時間後には，またある一定状態に落ち着く．このような応答を**自己制御性**，あるいは**自己平衡性**（self-regulation）があるという．

図 4·10 に示す時定数 T は式（4·7）を時間 t に関して微分し，$t=0$ での応答曲線の接線が最終値（定常状態での値）と交差する点までの時間として得られる．または，式（4·7）に $t=T$ を代入して，そのときの値を求めると式（4·9）のように最終値までの 63.2%として得られる．よって，時定数の値が大きくなると応答曲線はなだらかになり，応答の速さを示す物理量であることが理解できるであろう．

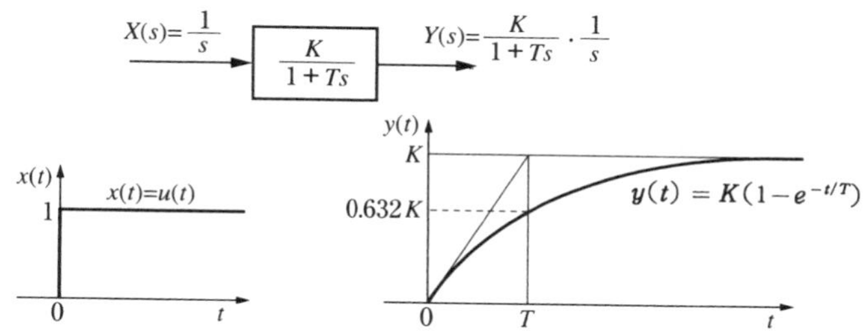

図 4·10　一次遅れ要素の単位ステップ応答

$$\left.\frac{dy(t)}{dt}\right|_{t=0} = \left.\frac{K}{T}e^{-\frac{t}{T}}\right|_{t=0} = \frac{K}{T} \tag{4·8}$$

$$y(T) = K(1-e^{-1}) = K\left(1-\frac{1}{e}\right)$$

$$= K\left(1-\frac{1}{2.718}\right) = 0.632\,K \tag{4·9}$$

例題 4・1 一次遅れ要素のステップ応答を記録したところ，記録ミスから図 4・11 のように時間の前半部分と後半部分，そして定常状態（最終値）が記録できなかった．この記録結果から要素の時定数は求められるか．

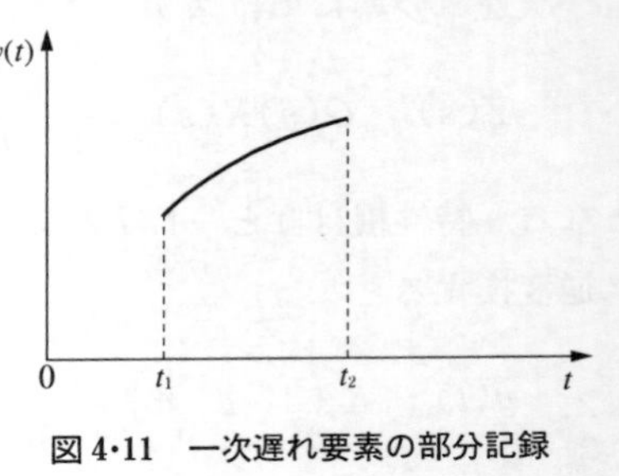

図 4・11 一次遅れ要素の部分記録

（解）

時定数Tおよび定常状態に達したときの値をKとすると，一次遅れ要素のステップ応答$y(t)$は

$$y(t)=K\left(1-e^{-\frac{t}{T}}\right)$$

として与えられる．記録されているA点とB点での傾きを上式よりそれぞれ求める．

$$\text{A点：}y'(t_1)=\frac{K}{T}e^{-\frac{t_1}{T}}$$

$$\text{B点：}y'(t_2)=\frac{K}{T}e^{-\frac{t_2}{T}}$$

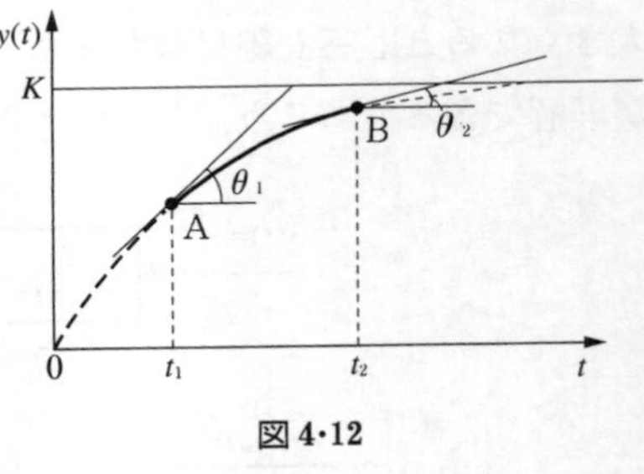

図 4・12

ここで，時間t_1とt_2での傾きの比をγとすると

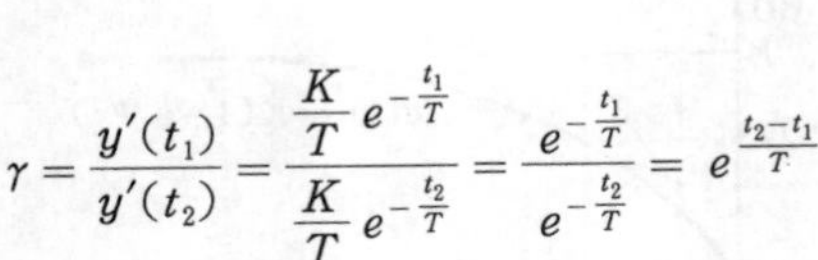

$$\gamma=\frac{y'(t_1)}{y'(t_2)}=\frac{\frac{K}{T}e^{-\frac{t_1}{T}}}{\frac{K}{T}e^{-\frac{t_2}{T}}}=\frac{e^{-\frac{t_1}{T}}}{e^{-\frac{t_2}{T}}}=e^{\frac{t_2-t_1}{T}}$$

として得られる．またA点，B点での接線に対する傾き角度をそれぞれθ_1，θ_2とし，対数をとると

$$\gamma=\frac{\tan\theta_1}{\tan\theta_2}=e^{\frac{t_2-t_1}{T}}$$

$$\log_e\gamma=\frac{t_2-t_1}{T}$$

となる．よって，

$$T=\frac{t_2-t_1}{\log_e\gamma}$$

となり，時間 t_1，t_2 での応答曲線に対する接線の角度 θ_1，θ_2 を求めれば時定数 T を求めることができる．

(5)　二次遅れ要素（second order lag element）

二次遅れ要素としては，一次遅れ要素を直列に接続したシステムと二次の振動系を形成するシステムの 2 種類がある．

一次遅れ要素を直列結合した**図 4•13** のシステムの伝達関数は

$$G(s) = \frac{Y(s)}{X(s)} = \frac{K}{(1+T_1)(1+T_2)} \qquad (4\cdot10)$$

となる．ただし，T_1，T_2 は時定数である．

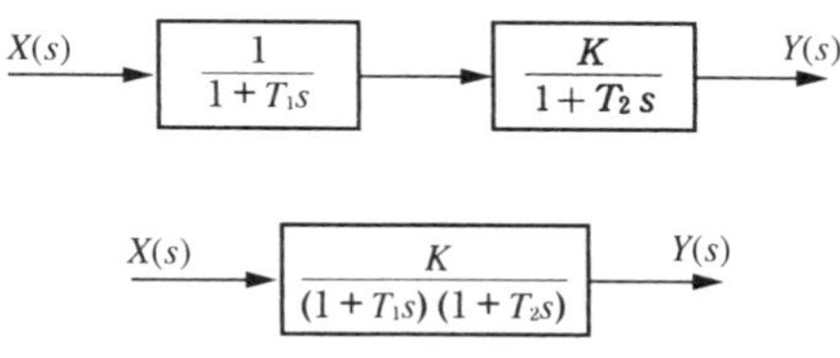

図 4•13　二次遅れ要素のブロック線図

このようなシステムに単位ステップ入力を加えると**図 4•14**（a）に示すようにＳ字曲線の応答を示す．特に，図（a）のような応答曲線を図（b）のように，近似的なむだ時間 L と等価時定数 T で表し，近似伝達関数として式（4•11）で表す場合がある．

$$G(s) = \frac{Y(s)}{X(s)} = \frac{K}{1+Ts}\,e^{-Ls} \qquad (4\cdot11)$$

二次振動系は，前章の例題 3•2 で求めた伝達関数と同じような式で表せる．そこで，図 3•6 と多少異なる**図 4•15** のシステムを考えてみよう．この図は図 4•9 で用いたシステムでのダシュポットとバネの間に質量 m を取り付けたものである．このシステムの微分方程式は式（4•5）で得た式に慣性力を付加することにより，式（4•12）を得る．両辺を質量 m で割り，減衰係数 $\zeta(0 < \zeta < 1)$，固有振動数 ω_n を導入して，それぞれの係数を置き換えると式（4•14）になる．この式が二次振動系を形成する一般式となる．

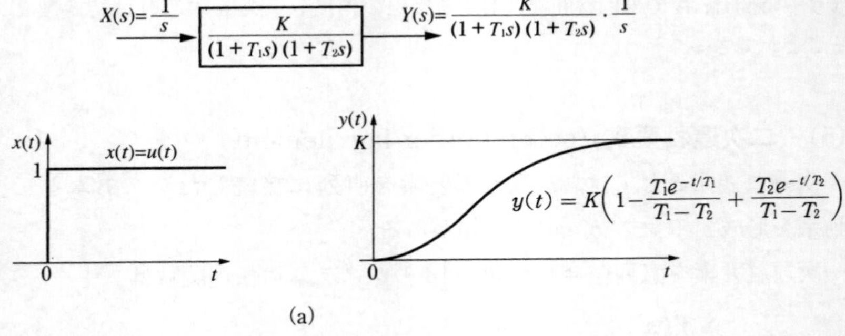

(a)

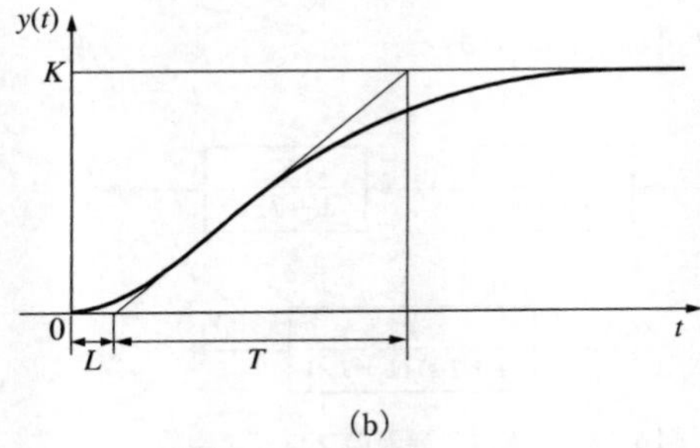

(b)

図 4・14　二次遅れ要素の単位ステップ応答と近似伝達関数

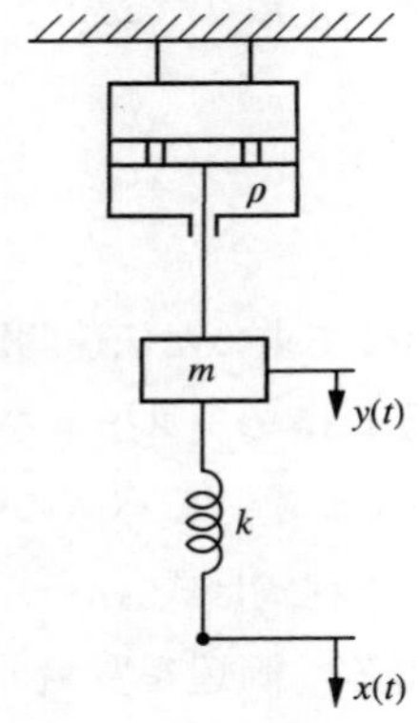

図 4・15　二次振動系システム

$$m\frac{d^2y(t)}{dt^2}+\rho\frac{dy(t)}{dt}=k(x(t)-y(t)) \tag{4•12}$$

$$\frac{d^2y(t)}{dt^2}+\frac{\rho}{m}\frac{dy(t)}{dt}+\frac{k}{m}y(t)=\frac{k}{m}x(t) \tag{4•13}$$

$$\frac{d^2y(t)}{dt^2}+2\zeta\omega_n\frac{dy(t)}{dt}+\omega_n^2y(t)=\omega_n^2x(t) \tag{4•14}$$

ここで，$\omega_n=\sqrt{\dfrac{k}{m}}$，$\zeta=\dfrac{\rho}{2\sqrt{mk}}$ とおく．

式（4•14）をラプラス変換し，伝達関数を求めると

$$G(s)=\frac{Y(s)}{X(s)}=\frac{\omega_n^2}{s^2+2\zeta\omega_n s+\omega_n^2} \tag{4•15}$$

として表せる．ただし，振動状態は減衰係数 ζ が $0<\zeta<1$ の範囲のときにのみ成り立つ．この式に入力 $X(s)$ に単位ステップ入力を加え，ラプラス逆変換を施すと単位ステップ応答は**図 4•16** に示すように振幅が指数関数的に減衰し，定数 K に収束する減衰曲線を形成する．

$$y(t)=K\left\{1-\frac{e^{-\zeta\omega_n t}}{\sqrt{1-\zeta^2}}\sin\left(\omega_n\sqrt{1-\zeta^2}\,t+\tan^{-1}\frac{\sqrt{1-\zeta^2}}{\zeta}\right)\right\} \tag{4•16}$$

減衰の状態は，減衰係数 ζ の値によって図（b）に示すような曲線になる．特に，

（1） $\zeta=0$ のとき，**持続振動**，あるいは**単振動**（simple harmonic motion）

（2） $\zeta=1$ のとき，**臨界制振**（critical damping）

（3） $\zeta>1$ のとき，**過制振**（over damping）

（4） $0<\zeta<1$ のとき，**不足制振**（under damping）

という．

(6) 高次遅れ要素（higher order lag element）

今までの要素を複数個結合した場合で，s の次数が 2 次以上で構成されるような要素をいう．伝達関数は，

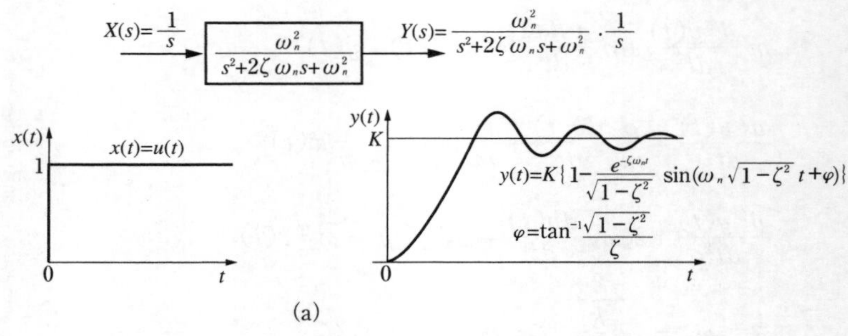

(a)

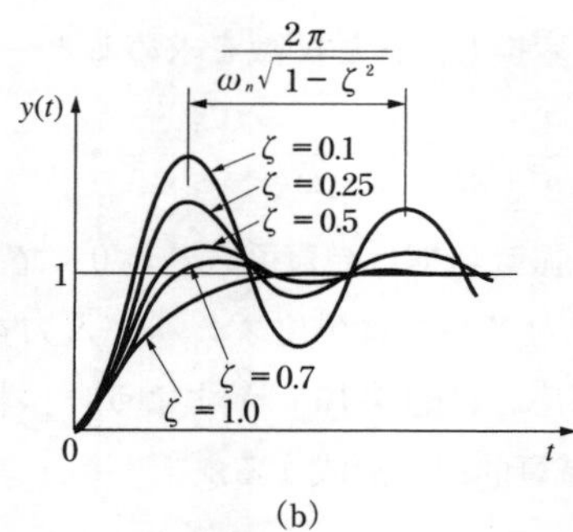

(b)

図 4・16 二次振動系要素の単位ステップ応答

$$G(s)=\frac{\prod^{k}(1+T_k s)\prod^{l}(s^2+2\zeta_l\,\omega_{nl}\,s+\omega_{nl}^2)}{s\prod_{i}(1+T_i s)\prod_{j}(s^2+2\zeta_j\,\omega_{nj}\,s+\omega_{nj}^2)}\quad(i(j+1)\geqq kl)\quad(4\cdot17)$$

として表せる．ただし，Π は要素の積を表す記号である．このような高次の要素に対しては過渡応答から二次遅れ要素で説明したような近似伝達関数を用いて表す場合が多い．

(7) むだ時間要素 (dead time element)

むだ時間は，入力信号 $x(t)$ を印加してから出力信号 $y(t)$ が一定時間遅れて現れる時間のことをいう．よって，$y(t)=x(t-L)$ となる式で表せ，L がむだ時間となる．よって，むだ時間要素の伝達関数は，

$$G(s)=\frac{Y(s)}{X(s)}=e^{-Ls}\qquad(4\cdot18)$$

となり，**図4・17**に示すようになる．

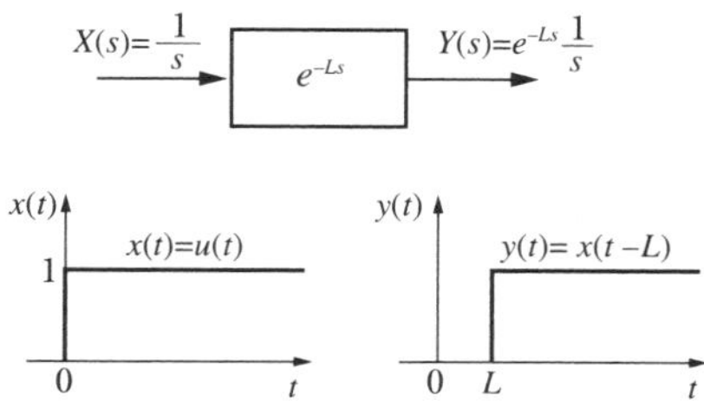

図4・17 むだ時間要素の単位ステップ応答

例題 4・2 **図4・18**に示す液面系システムの伝達関数を求め，入力 $q_i(t)$ に単位ステップ信号と，単位インパルス信号を入力として印加した場合の応答 $h_2(t)$ をそれぞれ求めよ．

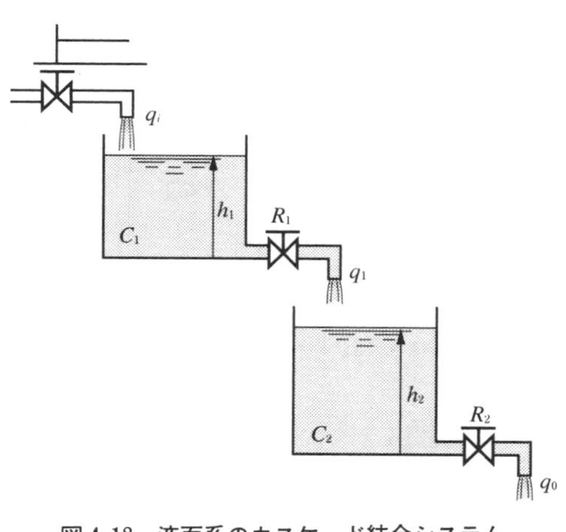

図4・18 液面系のカスケード結合システム

(解)

このシステムの微分方程式は，カスケード結合となることから水槽一つ一つの状態に対する微分方程式を式 (3・3)，(3・9) のようにして求める．

$$C_1 \frac{dh_1(t)}{dt} = q_i(t) - q_1(t)$$

$$q_1(t) = \frac{h_1(t)}{R_1}$$

$$C_2 \frac{dh_2(t)}{dt} = q_1(t) - q_0(t)$$

$$q_0(t) = \frac{h_2(t)}{R_2}$$

よって，ラプラス変換を施し，ブロック線図（**図4･19**）で示すとともに伝達関数を求めると

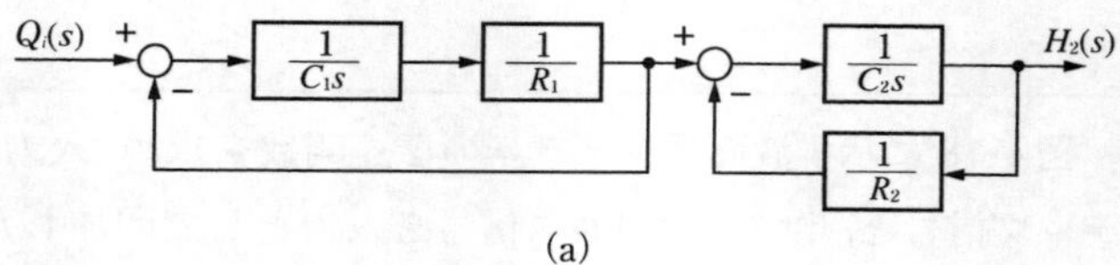

(a)

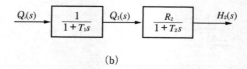

$Q_i(s)$ → $\frac{1}{1+T_1 s}$ → $Q_1(s)$ → $\frac{R_2}{1+T_2 s}$ → $H_2(s)$

(b)

図4･19　ブロック線図

$$G(s) = \frac{H_2(s)}{Q_i(s)} = \frac{R_2}{(1+T_1 s)(1+T_2 s)}$$

として得られる．ブロック線図からは，一次遅れ要素を直列に接続した二次遅れ要素を形成している．

入力 $Q_i(s)$ に単位ステップ入力 $1/s$ を代入し，液位 $h_2(t)$ について求めると

$$h_2(t) = \mathcal{L}^{-1}\left[\frac{R_2}{(1+T_1 s)(1+T_2 s)}\frac{1}{s}\right]$$

$$= R_2 \mathcal{L}^{-1}\left[-\frac{\frac{T_1^2}{T_1 - T_2}}{1+T_1 s} + \frac{\frac{T_2^2}{T_1 - T_2}}{1+T_2 s} + \frac{1}{s}\right]$$

$$= R_2\left\{1 - \frac{T_1}{T_1 - T_2} e^{-\frac{t}{T_1}} + \frac{T_2}{T_1 - T_2} e^{-\frac{t}{T_2}}\right\}$$

として求められる．ただし，一次遅れ要素を次式のように変形してからラプラス逆変換を行う．

$$\mathcal{L}^{-1}\left[\frac{1}{1+Ts}\right]=\mathcal{L}^{-1}\left[\frac{\frac{1}{T}}{\frac{1}{T}+s}\right]$$

次に，入力 $Q_i(s)$ に単位インパルス入力を加えたときの液位 $h_2(t)$ について求める．単位インパルス入力 $Q_i(s)=1$ となることから，出力 $H_2(s)$ は伝達関数 $G(s)$ そのものになる．よって，

$$h_2(t)=\mathcal{L}^{-1}\left[\frac{R_2}{(1+T_1s)(1+T_2s)}\right]$$

についてラプラス逆変換を行えばよい．ステップ入力の場合と同様に部分分数に展開すると

$$\begin{aligned}h_2(t)&=R_2\mathcal{L}^{-1}\left[\frac{\frac{T_1}{T_1-T_2}}{1+T_1s}-\frac{\frac{T_2}{T_1-T_2}}{1+T_2s}\right]\\&=\frac{R_2}{T_1-T_2}\left(e^{-\frac{t}{T_1}}-e^{-\frac{t}{T_2}}\right)\end{aligned}$$

となる．上式から，時定数 T_1 と T_2 の関係が $T_1>T_2$ であるならば，**図 4・20** に示すような応答曲線になる．

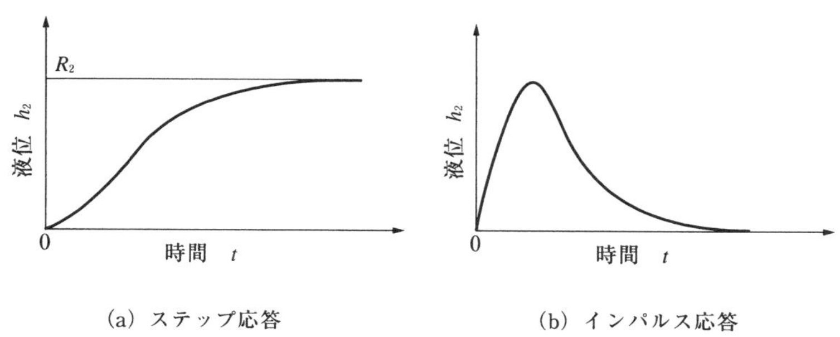

(a) ステップ応答　(b) インパルス応答

図 4・20　応答曲線

以上より，過渡応答 $y(t)$ は

$$y(t)=y_d(t)+y_s(t) \tag{4・18}$$

として，表すことができる．ただし $y_d(t)$ は過渡項，$y_s(t)$ は定常項を意味する．過渡

項$y_d(t)$は伝達関数$G(s)$の極が支配し，定常項$y_s(t)$は入力信号のラプラス変換をしたときの極が支配することになる．

例題 4･3 2次振動系（$0 < \zeta < 1$）に単位ステップ入力を印加したときの応答で最大となる行き過ぎ量M_1，減衰率γを求めよ．また，減衰曲線が25%減衰となるときの減衰係数ζを求めよ．

（解）

2次振動系に単位ステップ入力を加えたときの出力は，式（4･16）で表せる．行き過ぎ量M_1とは**図4･21**に示すように定義できる．よって，式（4･16）を時間tで微分し，極大値をとるところの時間t_1，t_2，…… を求めると

$$\omega_n \sqrt{1-\zeta^2}\ t_i = i\pi \quad (i = 0,\ 1,\ 2,\ \cdots\cdots) \tag{4･19}$$

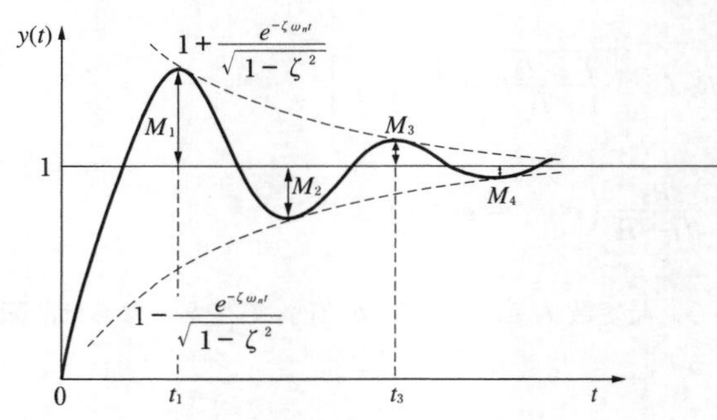

図4･21　2次振動系の減衰曲線

となる．よって行き過ぎ量を形成するときの時間t_1は

$$t_1 = \frac{\pi}{\omega_n \sqrt{1-\zeta^2}} \tag{4･20}$$

となり，行き過ぎ量M_1は

$$M_1 = e^{-\zeta\omega_n t_1} \tag{4･20$'$}$$

として計算できる．

次に，減衰率γは1周期ごとの行き過ぎ量の比で定義される．よって，

$$\gamma = \frac{M_3}{M_1} = \frac{M_5}{M_3} = \cdots\cdots = \frac{M_4}{M_2} = \frac{M_6}{M_4} = \cdots\cdots = e^{-\frac{2\pi\zeta}{\sqrt{1-\zeta^2}}} \tag{4･21}$$

として求められる．

次に，25%減衰になる減衰係数ζは式（4・21）より算出できる．それは，$\gamma=0.25$であるから

$$0.25=e^{-\frac{2\pi\zeta}{\sqrt{1-\zeta^2}}}$$

対数をとると

$$-\frac{2\pi\zeta}{\sqrt{1-\zeta^2}}=\log_e 0.25=-1.39 \qquad (4\cdot22)$$

$$1.0488\zeta^2=0.0488$$

$$\zeta \fallingdotseq 0.216$$

となる．式（4・22）を**対数減衰率**という．

減衰係数ζと行き過ぎ量M_1の関係は**表 4・1** および**図 4・22** のようになる．

表 4・1　ζとM_1の関係

ζ	M_1（%）
0	100
0.2	52.7
0.4	25.4
0.6	9.5
0.8	1.5
1.0	0

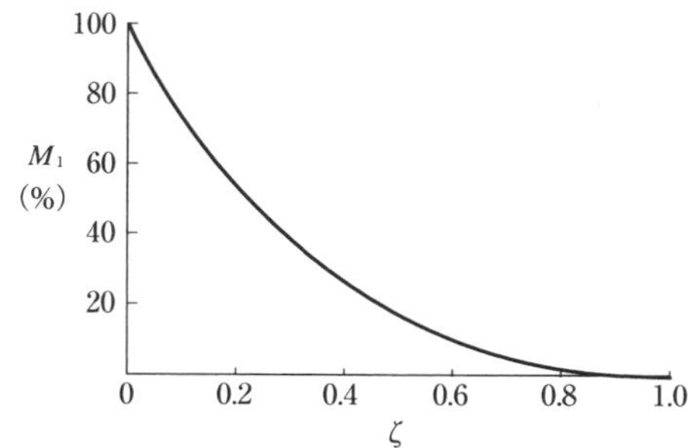

図 4・22　減衰係数ζと行き過ぎ量M_1の関係

4・2　伝達関数と重み関数

例題 4・2 で示したように単位インパルス入力による応答は

$$y(t)=\mathcal{L}^{-1}[G(s)]$$

として算出できることを理解した．すなわち，要素自体の伝達関数をラプラス逆変換すればよい．よって，$y(t)=g(t)$ と置き換えても支障はない．$g(t)$ は要素ごとに固有となり，要素の特性を表す．

これまでは，規則的に変化する入力に対する応答を述べてきたが，この節では任意の形状を有する入力に対する応答を考えてみよう．

図 4・23 に示すような任意形状を有する入力は，微小幅Δtで短冊に区切ったパルス列による集合体として近似的に表現できる．そのときの状態を式で表す

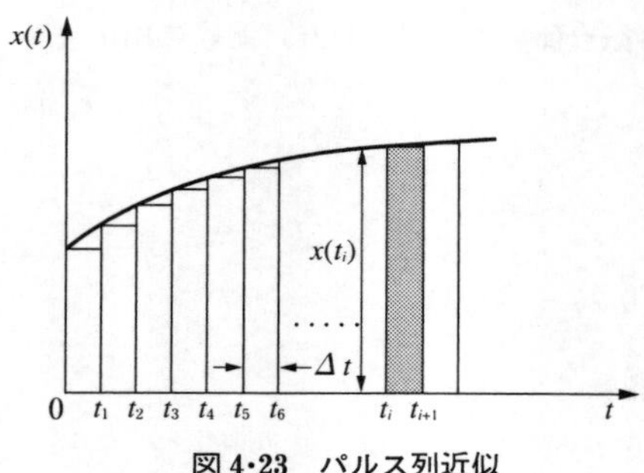

図 4･23　パルス列近似

と式（4･23）のように表せる．

$$x(t) \fallingdotseq \sum_{i=1}^{n} x(t_i) \varDelta t\, \delta(t-t_i) \tag{4･23}$$

インパルス $\delta(t-t_i)$ によって得られる過渡応答がインパルス応答 $g(t-t_i)$ となることから，任意形状入力 $x(t)$ にともなう過渡応答 $y(t)$ は

$$y(t) \fallingdotseq \sum_{i=1}^{n} x(t_i) g(t-t_i) \varDelta t \tag{4･24}$$

として表すことができ，$\varDelta t \to 0$ の極限をとると

$$y(t) = \int_0^{\infty} x(\tau) g(t-\tau) d\tau \tag{4･25}$$

$t-\tau < 0$ で $g(t-\tau) = 0$ であるから

$$y(t) = \int_0^{t} x(\tau) g(t-\tau) d\tau$$

ここで $t-\tau = \lambda$ とおくと

$$y(t) = -\int_t^{0} x(t-\lambda) g(\lambda) d\lambda = \int_0^{t} x(t-\lambda) g(\lambda) d\lambda \tag{4･26}$$

となる．

以上より，任意入力に対する応答は，入力 $x(t)$ と単位インパルス応答 $g(t)$ との**たたみこみ積分**（convolution）として得られる．ここで，単位インパルス応答は $x(t)$ の重みになることから**重み関数**（weighting function）と呼ぶ．式（4･26）は入出力関係を表す最も一般的な式である．

4・3 周波数応答

過渡応答法では要素やシステムにステップ入力，インパルス入力あるいはランプ入力を与えたときの時間特性を求めることにあった．その特性から直接的および直感的に要素やシステムを把握することができ，微分方程式を解くことと同じ結果を得ることができた．

周波数応答法は要素やシステムが線形系ならば，ある周波数ω_iの正弦波入力を加えると，同じ周波数ω_iの正弦波波形をなす応答を出力する．**図4・24**は振幅A_i，そして周波数ω_iからなる正弦波波形を入力$x(t)$として加えたとき，定常状態になるときの出力応答$y(t)$から振幅B_iと位相差（位相おくれ，位相ずれともいう）φを得ることを示す．そこで，入力と出力との関係として振幅比B_i/A_i，位相差φを複素平面上にωを関数（周波数領域）で表現するのが周波数応答法である．周波数応答法は，過渡応答法のように微分方程式を解くことなく解析および設計ができる手法である．

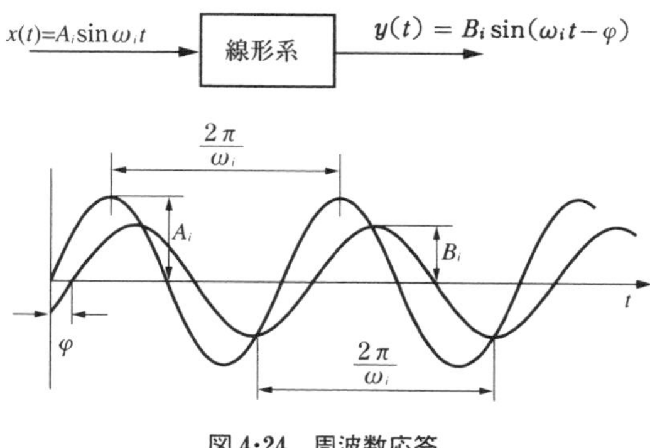

図4・24 周波数応答

周波数応答法では周波数伝達関数，ベクトル軌跡，ボード線図などを理解する必要がある．

(1) 周波数伝達関数（frequency transfer function）

図4・25に示すような微分要素の入力に$x(t)=A\sin(\omega t)$を与えたとき

の出力 $y(t)$ を求めると，

$$y(t)=\frac{dx(t)}{dt}$$

$$=A\,\omega\cos\omega t=A\omega\sin\left(\omega t+\frac{\pi}{2}\right) \tag{4・27}$$

となることから

$$振幅比=\frac{A\omega}{A}=\omega \tag{4・28}$$

$$位相差=\frac{\pi}{2} \tag{4・29}$$

となる．この結果を複素平面上に表すと**図 4・26** に示すようになる．またベクトルとして表現すると振幅比が絶対値，すなわちベクトルの大きさに対応し，位相差が偏角に対応する．

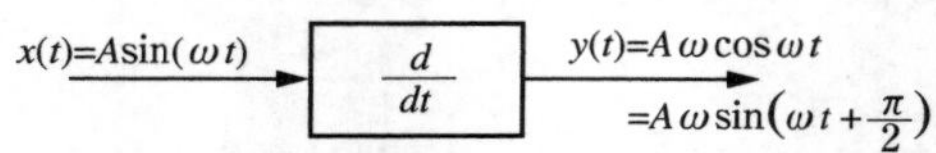

図 4・25　微分要素の周波数応答

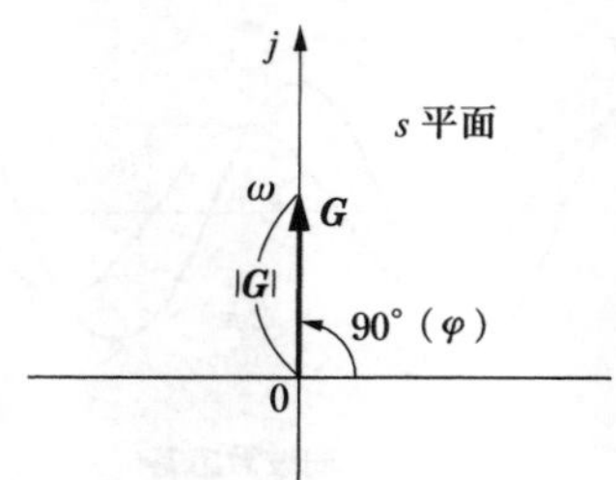

図 4・26　ベクトル表示

上記の結果をベクトル $\boldsymbol{G}$ とすると

$$\boldsymbol{G}=j\omega=\omega\cos\frac{\pi}{2}+j\omega\sin\frac{\pi}{2}$$

$$=\omega e^{j\frac{\pi}{2}}=|\boldsymbol{G}|\,e^{j\varphi} \tag{4・30}$$

として表せる．したがって，$|\boldsymbol{G}|=\omega$，$\varphi=\pi/2$ が対応する．

微分要素の伝達関数 $G(s)=s$ は周波数伝達関数 $G(j\omega)=j\omega$ として表せる．以上の結果から，伝達関数 $G(s)$ に対応する周波数伝達関数は $s=j\omega$ と置き換えることにより $G(j\omega)$ を得ることができる．そこで，ベクトルの大きさ $|\boldsymbol{G}|$ を $G(j\omega)$ の絶対値を付けた $|G(j\omega)|$ として表し，これをゲインと呼ぶ．また位相差 φ に対応する項を $\angle G(j\omega)$ として表す．周波数伝達関数は**図 4・27** に示すような関係となり，式（4・31）のように書き直せる．ゲイン $|G(j\omega)|$ と位相差 $\angle G(j\omega)$ は式（4・32），（4・33）のようにそれぞれ算出できる．

$$G(j\omega)=\frac{Y(j\omega)}{X(j\omega)}=\mathrm{Re}[G(j\omega)]+j\,\mathrm{Im}[G(j\omega)]$$

$$=|\boldsymbol{G}|e^{j\varphi}=|G(j\omega)|\angle G(j\omega) \tag{4・31}$$

$$|G(j\omega)|=\sqrt{\{\mathrm{Re}[G(j\omega)]\}^2+\{\mathrm{Im}[G(j\omega)]\}^2} \tag{4・32}$$

$$\angle G(j\omega)=\tan^{-1}\frac{\mathrm{Im}[G(j\omega)]}{\mathrm{Re}[G(j\omega)]} \tag{4・33}$$

ここで，$\mathrm{Re}[G(j\omega)]$ は複素関数 $G(j\omega)$ の実数部，$\mathrm{Im}[G(j\omega)]$ は $G(j\omega)$ の虚数部である．

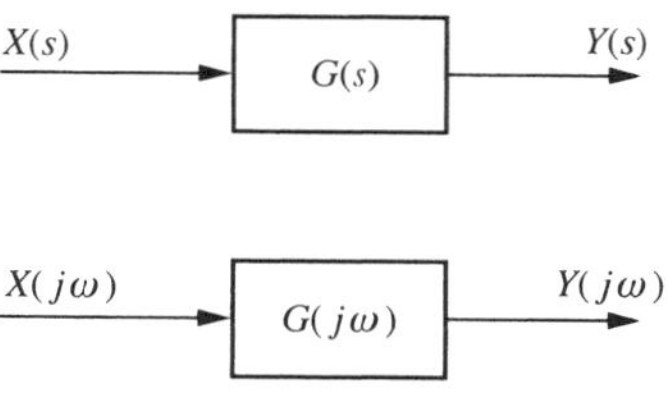

図 4・27　伝達関数と周波数伝達関数

ゲイン $|G(j\omega)|$ と位相差 $\angle G(j\omega)$ は周波数 ω の関数となり，その関係を**周波数特性**という．周波数特性を図示化したものにベクトル軌跡，ボード線図，ゲイン-位相曲線などがあり，それらを**周波数応答線図**（frequency response diagram）という．これらの周波数応答線図からは，システムの特性解析および設計を行うことができる．

積分要素，一次遅れ要素そしてむだ時間要素の周波数伝達関数を求めてみよう．

1) 積分要素

$$G(s)=\frac{1}{Ts}$$

$s=j\omega$を上式に代入し，有理化を施すと

$$G(j\omega)=\frac{1}{j\omega T}=-\frac{j\omega T}{(\omega T)^2}=-\frac{j}{\omega T}$$

となる．よって，実数部および虚数部は

$$\mathrm{Re}[G(j\omega)]=0$$

$$\mathrm{Im}[G(j\omega)]=-\frac{1}{\omega T}$$

となることから，ゲイン$|G(j\omega)|$と位相差$\angle G(j\omega)$は式(4•32)，(4•33)より

$$|G(j\omega)|=\sqrt{\mathrm{Re}[G(j\omega)]^2+\mathrm{Im}[G(j\omega)]^2}=\frac{1}{\omega T} \tag{4•34}$$

$$\angle G(j\omega)=\tan^{-1}\frac{\mathrm{Im}[G(j\omega)]}{\mathrm{Re}[G(j\omega)]}=-\frac{\pi}{2} \tag{4•35}$$

として得られる．

2) 一次遅れ要素

$$G(s)=\frac{1}{1+Ts}$$

$$G(j\omega)=\frac{1}{1+j\omega T}=\frac{1-j\omega T}{(1+j\omega T)(1-j\omega T)}=\frac{1-j\omega T}{1+(\omega T)^2}$$

$$\mathrm{Re}\,[G\,(j\omega)]\;=\frac{1}{1+(\omega T)^2}$$

$$\mathrm{Im}[G(j\omega)]=\frac{-\omega T}{1+(\omega T)^2}$$

よって，

$$|G(j\omega)|=\frac{1}{\sqrt{1+(\omega T)^2}} \tag{4•36}$$

$$\angle G(j\omega)=-\tan^{-1}(\omega T) \tag{4•37}$$

として得られる．

3) むだ時間要素

$$G(s)=e^{-Ls}$$

$s=j\omega$を代入し，$e^{-j\omega L}$をオイラーの関係式を用いて周期関数に展開する．

$$e^{-j\omega L}=\cos(\omega L)-j\sin(\omega L)$$

より

$$\mathrm{Re}[G(j\omega)]=\cos(\omega L)$$

$$\mathrm{Im}[G(j\omega)]=-\sin(\omega L)$$

$$|G(j\omega)|=1 \tag{4・38}$$

$$\angle G(j\omega)=\tan^{-1}(-\tan(\omega L))=-\omega L \tag{4・39}$$

として得られる．したがって，ゲインは周波数に無関係に一定となり，位相差のみがωに比例して増加することを意味する．

複数の要素が結合されたシステムの伝達関数が

$$G(s)=G_1(s)G_2(s)G_3(s)\cdots\cdots G_n(s) \tag{4・40}$$

となる場合の周波数伝達関数$G(j\omega)$は，$s=j\omega$を代入することにより

$$G(j\omega)=G_1(j\omega)G_2(j\omega)G_3(j\omega)\cdots\cdots G_n(j\omega) \tag{4・41}$$

となるから

$$|G(j\omega)|=|G_1(j\omega)|\cdot|G_2(j\omega)|\cdot|G_3(j\omega)|\cdots\cdots|G_n(j\omega)| \tag{4・42}$$

$$\angle G(j\omega)=\angle G_1(j\omega)+\angle G_2(j\omega)+\angle G_3(j\omega)+\cdots\cdots+\angle G_n(j\omega) \tag{4・43}$$

として得られる．したがって，システムの周波数伝達関数に関するゲインは，おのおのの要素ごとのゲインの積となり，位相差に関してはおのおのの要素ごとの和として求められることが理解できる．

例題 4・4 伝達関数$G(s)$が以下のように与えられている場合の周波数伝達関数$G(j\omega)$のゲイン$|G(j\omega)|$および位相差$\angle G(j\omega)$を求めよ．

$$G(s)=\frac{4e^{-5s}}{s(1+2s)}$$

（解）

与えられた伝達関数 $G(s)$ は4つの要素から構成されている．それは，比例要素，むだ時間要素，積分要素そして一次遅れ要素である．そこで，

$$G_1(s)=4$$
$$G_2(s)=e^{-5s}$$
$$G_3(s)=\frac{1}{s}$$
$$G_4(s)=\frac{1}{1+2s}$$

とする．おのおのの要素のゲインおよび位相差は式（4•34）から式（4•39）を用いて式（4•42）と（4•43）に代入することにより

$$\begin{aligned}|G(j\omega)|&=|G_1(j\omega)|\cdot|G_2(j\omega)|\cdot|G_3(j\omega)|\cdot|G_4(j\omega)|\\&=4\times1\times\frac{1}{\omega}\times\frac{1}{\sqrt{1+4\omega^2}}=\frac{4}{\omega\sqrt{1+4\omega^2}}\\\angle G(j\omega)&=\angle G_1(j\omega)+\angle G_2(j\omega)+\angle G_3(j\omega)+\angle G_4(j\omega)\\&=-5\omega-\frac{\pi}{2}-\tan^{-1}(2\omega)\end{aligned}$$

として求められる．

(2) ベクトル軌跡（vector locus）

周波数伝達関数は周波数 ω に対し，式（4•32），（4•33）のようなゲイン $|G(j\omega)|$ と位相差 $\angle G(j\omega)$ で記述できる．ゲインはベクトルの大きさに対応し，位相差は偏角に対応することを先に述べた．そこで，複素平面（s 平面）上に ω をパラメータとしたベクトルを描き，そのベクトルの先端を曲線で結ぶと軌跡を得ることができる．このようにして得られる軌跡を**ベクトル軌跡**という．ベクトル軌跡は1932年にベル研究所研究員であったHarry Nyquistが電話機の増幅問題を複素関数を使って解析する際に考察した方法である．そのことから**ナイキスト線図**（Nyquist diagram）とも呼ばれる．

軌跡を求めるには1mm方眼紙でもよいが，**図4•28**のような極座標のグラフ用紙を利用すると便利である．軌跡となる曲線上には ω の値を記入し，ω の増加方向を矢印で表現する．例えば，ゲインおよび位相差が式（4•36），（4•37）で得られる一次遅れ要素のベクトル軌跡は ωT をパラメータにして求めると，**表4•2**に示す結果となり，図に示すと**図4•29**のように半円形状の軌跡になる．

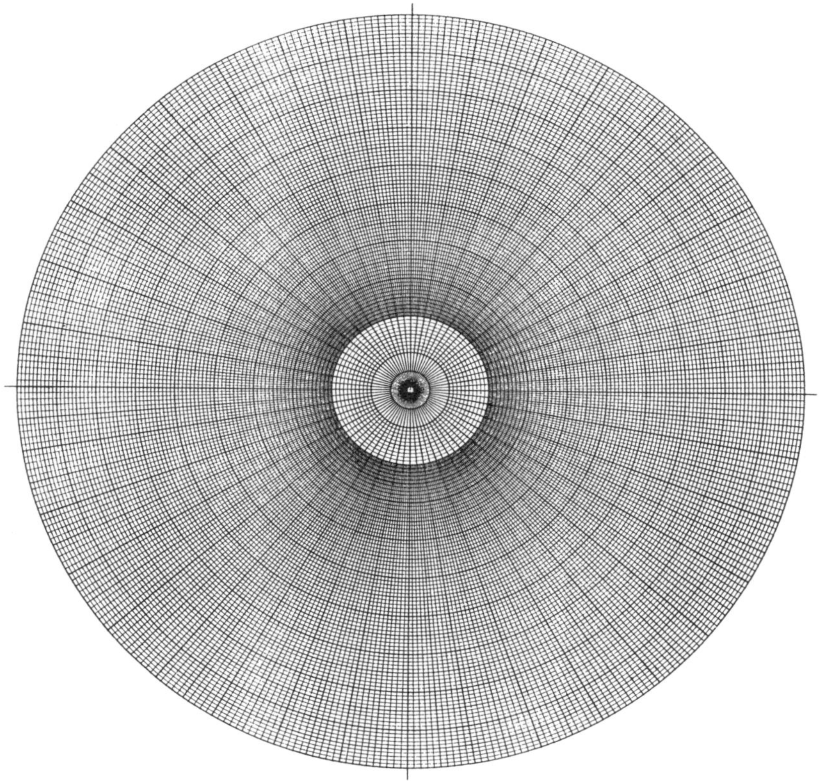

図 4・28　極座標用グラフ用紙

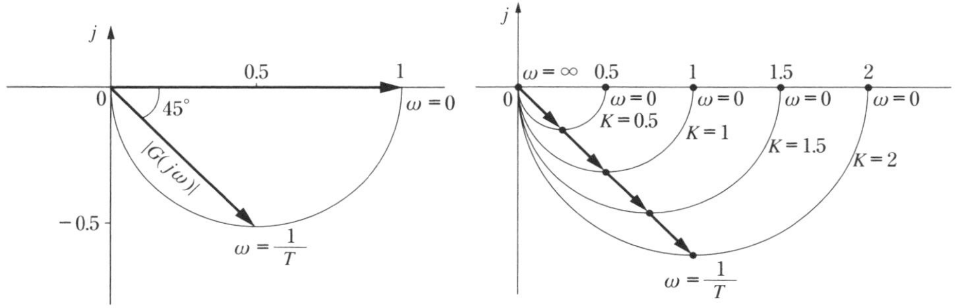

図 4・29　一次遅れ要素のベクトル軌跡

図 4・30　$\dfrac{\boldsymbol{K}}{1+\boldsymbol{Ts}}$ で $\boldsymbol{K}$ を変えたベクトル軌跡

表 4・2　一次遅れ要素のゲインおよび位相

$T\omega$	$\lvert G(j\omega)\rvert$	$\angle G(j\omega)$(°)
0	1	0
0.1	0.995	− 5.7
0.2	0.981	−11.3
0.3	0.958	−16.7
0.5	0.894	−26.6
1.0	0.707	−45.0
2.0	0.447	−63.4
3.0	0.316	−71.6
5.0	0.196	−78.7
10.0	0.0995	−84.3
⋮	⋮	⋮
∞	0	−90.0

図 4・30 のように，一次遅れ要素のベクトル軌跡を形成する半円形の半径は時定数 T に無関係となり，ゲイン定数 K の値に比例して半径が変化することになる．

また，他の基本要素に対するベクトル軌跡を**表 4・3** に示す．

例題 4・5　伝達関数 $G(s)=\dfrac{2e^{-2s}}{1+5s}$ のベクトル軌跡を求めよ．

(解)

伝達関数 $G(s)$ は $G(s)=G_1(s)G_2(s)$ に分けて考える．

$$G_1(s)=e^{-2s}$$

$$G_2(s)=\frac{2}{1+5s}$$

とすると，おのおののゲイン $\lvert G(j\omega)\rvert$ および位相差 $\angle G(j\omega)$ を求めると**表 4・4** に示すような結果となる．その結果を基にベクトル軌跡を描くと**図 4・31** に示すように原点に渦巻く形状をなし，$\omega\to\infty$ において原点に収束する軌跡となる．

表 4·3　基本要素のベクトル軌跡

	比例要素	微分要素	積分要素	二次遅れ要素	むだ時間要素
$G(s)$	K	$T_D s$	$\dfrac{1}{T_I s}$	$\dfrac{\omega_n^2}{s^2+2\zeta\omega_n s+\omega_n^2}$	e^{-Ls}
$\lvert G(j\omega)\rvert$	K	$T_D \omega$	$\dfrac{1}{T_I \omega}$	$\dfrac{\omega_n^2}{\sqrt{(\omega_n^2-\omega^2)^2+(2\zeta\omega_n\omega)^2}}$	1
$\angle G(j\omega)$	$0°$	$\dfrac{\pi}{2}$	$-\dfrac{\pi}{2}$	$-\tan^{-1}\left(\dfrac{2\zeta\omega_n\omega}{\omega_n^2-\omega^2}\right)$	$-L\omega$
ベクトル軌跡	j, 0, K	j, 1, $\omega=\dfrac{1}{T_D}$, $\omega=0$, 0	j, 0, $\omega=\infty$, -1, $\omega=T_I$	j, 0, $\omega=\infty$, $\omega=0$, $\zeta>1$, $1>\zeta>0$	j, $L\omega=\dfrac{3\pi}{2}$, $L\omega=\pi$, 0, $\omega=0$, $L\omega=\dfrac{\pi}{2}$

表 4・4　ゲインおよび位相

ω	$\|G_1(j\omega)\|$	$\angle G_1(j\omega)(°)$	$\|G_2(j\omega)\|$	$\angle G_2(j\omega)(°)$	$\|G(j\omega)\|$	$\angle G(j\omega)(°)$
0	1.0	0	2.0	0	2.0	0
0.02	1.0	− 2.3	1.99	− 5.7	1.99	− 8.0
0.05	1.0	− 5.7	1.94	− 14.0	1.94	− 19.7
0.1	1.0	− 11.5	1.788	− 26.6	1.788	− 38.1
0.2	1.0	− 22.9	1.414	− 45.0	1.414	− 67.9
0.3	1.0	− 34.4	1.11	− 56.3	1.11	− 90.7
0.5	1.0	− 57.4	0.742	− 68.2	0.742	−125.6
0.8	1.0	− 91.6	0.486	− 76.0	0.486	−167.6
1.0	1.0	−114.6	0.392	− 78.7	0.392	−193.3
3.0	1.0	−343.8	0.134	− 86.2	0.134	−430.0
⋮	⋮	⋮	⋮	⋮	⋮	⋮
∞	1.0	−∞	0	−90	0	−∞

(3)　ボード線図（Bode diagram）

ボード線図は 1940 年にベル研究所研究員であった H. W. Bode が考案した周波数特性解析の手法である．この方法はベクトル軌跡よりも簡単に図示化ができ，しかも使いやすい特徴がある．

周波数伝達関数 $G(j\omega)$ で得られるゲイン $|G(j\omega)|$ と位相差 $\angle G(j\omega)$ を周波数 ω で片対数グラフ上に表現する周波数特性線図である．それは，周波数 ω を横軸に対数目盛としてとり，縦軸にゲイン $|G(j\omega)|$ を対数量 $20\log_{10}|G(j\omega)|$（dB：デシベル），位相差 $\angle G(j\omega)$（°：度）をとって，図示化する方法である．

式（4・42）で得られたゲイン $|G(j\omega)|$ は対数量で表すために，式（4・44）のように積が代数和として求められ，ベクトル軌跡よりも簡単に求めることができる．また，周波数 ω を対数目盛にとることから非常に広範囲内での解析ができるところも大きな特徴である．

$$20\log_{10}|G(j\omega)| = 20\log_{10}|G_1(j\omega)| + 20\log_{10}|G_2(j\omega)| + \cdots\cdots + 20\log_{10}|G_n(j\omega)| \qquad (4\cdot44)$$

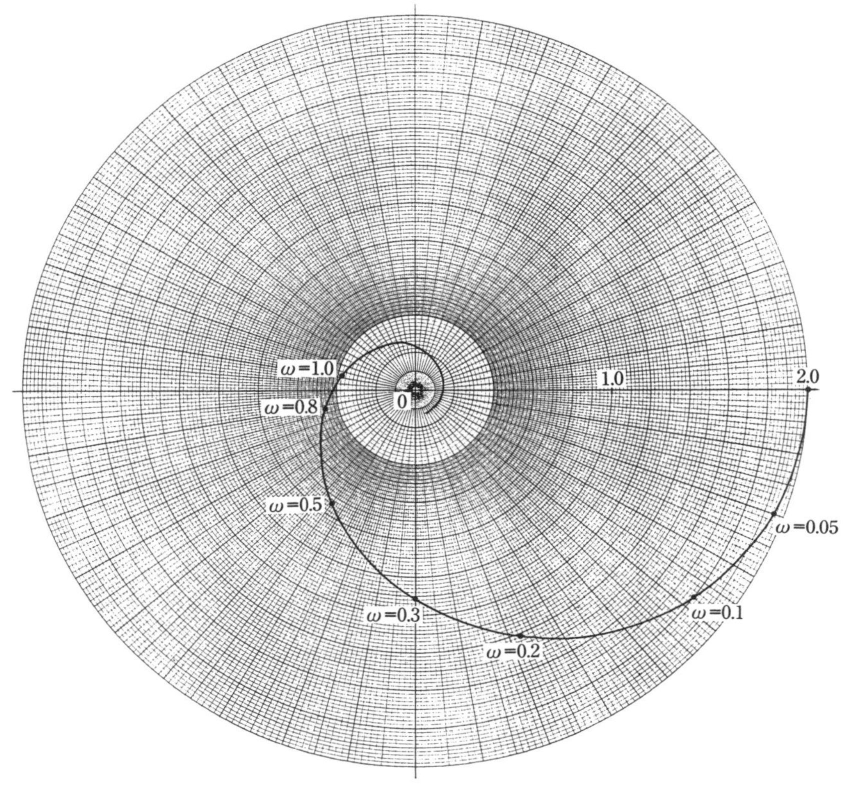

図 4・31 $G(s)=\dfrac{2e^{-2s}}{1+5s}$ のベクトル軌跡

1) 積分要素

$$G(j\omega)=\frac{1}{j\omega T}$$

$$|G(j\omega)|=-20\log_{10}(\omega T) \tag{4・45}$$

$$\angle G(j\omega)=-90^\circ \quad (\text{一定}) \tag{4・46}$$

特に，ゲイン $|G(j\omega)|$ は ω が 10 倍増すごとに -20 dB 減少する．すなわち -20 dB/dec（1dec (decade) とは周波数が 10 倍を表す単位記号）の直線になる．

2) 微分要素

$$G(j\omega)=j\omega T$$

$$|G(j\omega)| = 20\log_{10}(\omega T) \tag{4・47}$$

$$\angle G(j\omega) = 90^\circ \quad (一定) \tag{4・48}$$

積分要素に対して逆の関係になり，ゲイン $|G(j\omega)|$ は ω が 10 倍増すと 20 dB 増加する．よって，20 dB/dec で表せる直線になる．

積分要素と微分要素のボード線図を**表 4・5** にそれぞれ示す．表から明らかなように，ゲインの直線と 0 dB の基準線との交点が積分要素および微分要素で積分時間および微分時間の逆数 $1/T$ の値になる．同時に，位相曲線は積分要素と微分要素が 0° を軸に反転した関係になる．

表 4・5　積分要素，微分要素のボード線図

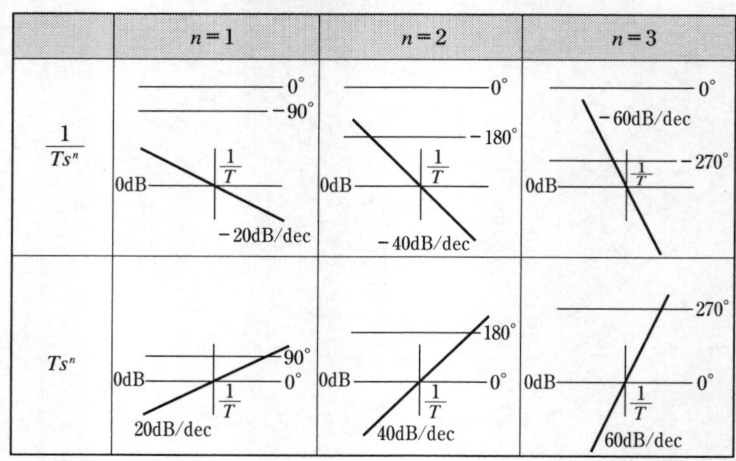

3)　一次遅れ要素

$$G(j\omega) = \frac{1}{1 + j\omega T}$$

$$|G(j\omega)| = -20\log_{10}\sqrt{1 + (\omega T)^2} \tag{4・49}$$

$$\angle G(j\omega) = -\tan^{-1}(\omega T) \tag{4・50}$$

ωT をパラメータにして，ゲインおよび位相差の値を求めた表が**表 4・6** である．その表を図にしたものが**図 4・32** に示すゲイン曲線，位相曲線である．ただし，ゲインの目盛は 10 dB を 10 mm，位相差の目盛は 10° を 5 mm にとっている．

表4・6　一次遅れ要素のゲインおよび位相

ωT	$20\log_{10}\lvert G(j\omega)\rvert$ (dB)	$\angle G(j\omega)$ (°)
0.1	−0.043	−5.7
0.2	−0.170	−11.3
0.3	−0.374	−16.7
0.5	−0.969	−26.6
0.8	−2.15	−38.6
1.0	−3.01	−45.0
2.0	−6.99	−63.4
3.0	−10.0	−71.6
5.0	−14.1	−78.7
8.0	−18.1	−82.9
10.0	−20.0	−84.3
20.0	−26.0	−87.1
30.0	−29.5	−88.1
50.0	−34.0	−88.9

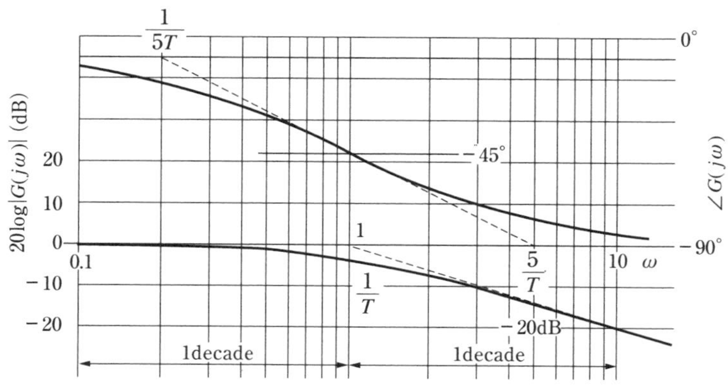

図4・32　一次遅れ要素のゲイン曲線および位相曲線

ゲイン曲線は，0 dBから$1/T$前後より徐々に右下がりに折れ曲がり，20 dB下がる直線（−20 dB/dec）に漸近する特性曲線を示す．位相曲線は0°から下がり$1/T$の点で−45°となり，点対称を示す．また位相曲線は−45°の変曲点を通る接線が基準線0°，−90°と交わる点を求めると$1/5\,T$，$5/T$となる．そこで，ゲイン曲線の右下がりの直線を延長すると$1/T$で交わることから，

この $1/T$ の周波数を**折点周波数**（break frequency）という．このゲイン曲線が平坦部分(0 dB)から3 dB下がる周波数を**しゃ断周波数**(cut-off frequency)あるいは**帯域幅**（band width）という．一次遅れ要素では折点周波数がこれに当たる．

一次遅れ要素のゲイン曲線，位相曲線は時定数 T の値に関係なく図4•30に示す曲線になる．そこで，図のような形状のテンプレートを作成しておくと折点周波数さえわかれば一次遅れ要素のゲインおよび位相曲線を簡単に描くことができる．また，近似的に直線で示すゲインおよび位相曲線を得ることもできる．それは折点周波数と -20 dB/dec の関係からゲイン曲線を，また $1/5T$ と $5/T$ の関係から位相曲線が得られるからである．

$G(j\omega)=1+j\omega T$ の周波数伝達関数に対するゲインおよび位相曲線は，一次遅れ要素のテンプレートを0 dBおよび0°の基準線を軸に反転して使用することにより描くことができる．

例題 4•6 図4•33に示す近似的に表したゲイン曲線から伝達関数を求めよ．

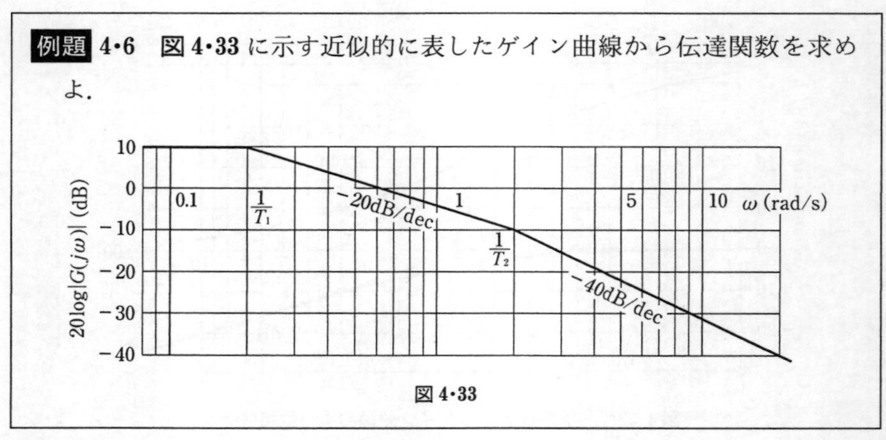

図4•33

（解）

ゲイン曲線が折れ曲がっている周波数（折点周波数）は2点ある．それは，

$$\omega_{b1}=\frac{1}{T_1}=0.2\ \text{rad/s}$$

$$\omega_{b2}=\frac{1}{T_2}=2\ \text{rad/s}$$

である．しかも右下がりに－20 dB/dec と－40 dB/dec となっていることから，一次遅れ要素が合成されていることがわかる．よって，一次遅れ要素の時定数は

$$T_1 = 5\ \mathrm{s}$$

$$T_2 = 0.5\ \mathrm{s}$$

として得られる．また，ゲインが 10 dB 上がっていることよりゲイン定数 K は

$$20 \log_{10} K = 10\ \mathrm{dB}$$

$$K = 10^{0.5} \fallingdotseq 3.16$$

となり，伝達関数 $G(s)$ は

$$G(s) = \frac{3.16}{(5s+1)(0.5s+1)}$$

あるいは

$$G(s) = \frac{6.32}{(5s+1)(s+2)}$$

として表せる．

4)　二次遅れ要素

$$G(j\omega) = \frac{1}{T^2(j\omega)^2 + 2\zeta T(j\omega) + 1}$$

$$|G(j\omega)| = -20 \log_{10} \sqrt{\{1-(\omega T)^2\}^2 + (2\zeta\omega T)^2} \qquad (4･51)$$

$$\angle G(j\omega) = -\tan^{-1}\left\{\frac{2\zeta\omega T}{1-(\omega T)^2}\right\} \qquad (4･52)$$

この二次遅れ要素は**図 4･34** に示すように減衰係数 ζ の値によって特性曲線が変わる．この場合も図 4･31 の形状になるテンプレートを作成しておけば基準線 $1/T$ に合わせることで，それぞれのゲインおよび位相曲線を描くことができる．

$G(j\omega) = T^2(j\omega)^2 + 2\zeta T(j\omega) + 1$ に対するゲインおよび位相曲線は，一次遅れ要素と同様に二次遅れ要素のテンプレートを基準線(0 dB，0°）を軸に反転して使用すればよいことになる．

5)　むだ時間要素

$$G(j\omega) = e^{-j\omega L}$$

$$|G(j\omega)| = 0\ \mathrm{dB} \qquad (4･53)$$

$$\angle G(j\omega) = -\omega L = -\frac{180^\circ\,\omega L}{\pi} \qquad (4･54)$$

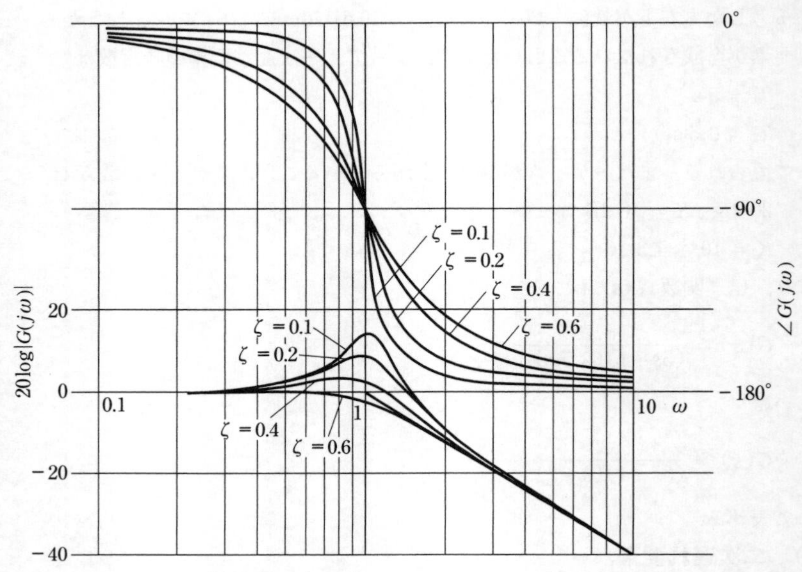

図 4・34 二次振動系の減衰係数に対するゲイン曲線および位相曲線

ゲイン曲線は 0 dB であることから描く必要がなく，位相曲線だけを求めると**図 4・35** のようになる．今まで同様に，このむだ時間要素に関するテンプレートを作成しておけば，基準線 $1/L$ に合わせるだけで位相曲線を描くことができる．

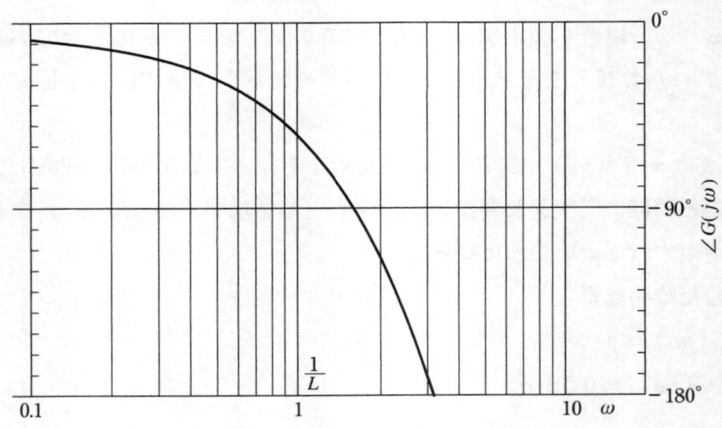

図 4・35 むだ時間要素の位相曲線

各要素の組合せで構成されるシステムに対するボード線図は，おのおのの要素に対するゲイン曲線，位相曲線を片対数グラフ上に描き，それぞれの曲線についてグラフ上で合成すれば得られる．

例題 4・7 伝達関数が $G(s)=\dfrac{8e^{-0.5s}}{s(s+4)}$ であるときのボード線図を求めよ．

（解）

伝達関数は4つの要素で構成している．それを以下のように要素ごとの伝達関数にまとめる．

$$G(s)=\frac{8e^{-0.5s}}{s(s+4)}=\frac{2e^{-0.5s}}{s(0.25s+1)}=\underset{①}{2}\times\underset{②}{e^{-0.5s}}\times\underset{③}{\frac{1}{s}}\times\underset{④}{\frac{1}{0.25s+1}}$$

となり，以下のようにして各要素のゲイン曲線，位相曲線を描く．

①部分のゲイン定数は

$20\log_{10}2\fallingdotseq 6\,\text{dB}$

として，計算より算出する．

②のむだ時間要素に対してはむだ時間の逆数 $1/L=2$ より，位相曲線だけを描く．

③の積分要素は積分時間 $T=1$ より，その逆数 $1/T=1$ となることからゲイン曲線，位相曲線が直線として描ける．

④の一次遅れ要素の時定数 $T=0.25$ であることから，その逆数 $1/T=4$ が折点周波数になる．その折点周波数に合わせてゲイン曲線および位相曲線を描く．

以上より得た①～④のゲイン曲線，位相曲線を示した図が**図 4・36** であり，図内の○の数字がそれぞれの要素に対応するゲインおよび位相曲線を示す．それらの曲線をゲイン曲線に関しては0 dBを基準に，そして位相曲線に関しては0°を基準に

ゲイン曲線：①＋③＋④

位 相 曲 線：②＋③＋④

として合成することにより，最終的なゲイン曲線および位相曲線を得ることができる．

(4) ゲイン－位相曲線

ゲイン－位相曲線は，縦軸にdB単位のゲイン，横軸に位相差をとり，変数 ω による軌跡図である．例えば，例題4・7のゲイン－位相曲線は**図 4・37** のようになる．この図は，次章で説明する一巡伝達関数からニコルズ線図を用いて

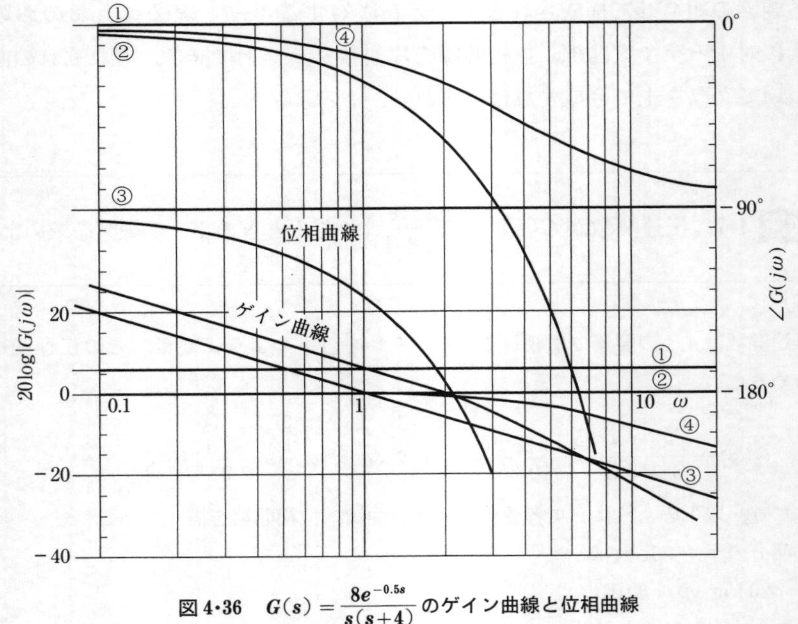

図 4･36　$G(s)=\dfrac{8e^{-0.5s}}{s(s+4)}$ のゲイン曲線と位相曲線

閉ループシステムの周波数特性を求めるときに利用する.

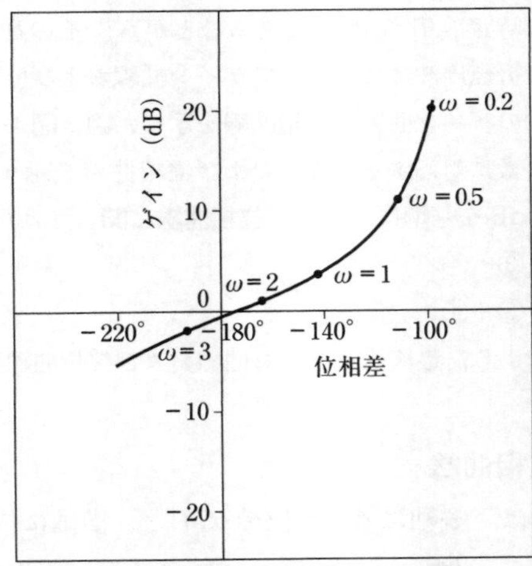

図 4･37　例題 4･7 のゲイン－位相曲線

4章　練習問題

1.　次の伝達関数を持つシステムに単位ステップ入力，単位インパルス入力そして単位ランプ入力を印加させたときの応答をそれぞれ求めよ．

1)　$G(s)=\dfrac{5s}{1+4s}$　　2)　$G(s)=\dfrac{1+s}{(1+2s)(4+s)}$

3)　$G(s)=\dfrac{1+2s}{s(2+s)}$　　4)　$G(s)=\dfrac{10}{s^2+4s+4}$

2.　次の伝達関数に大きさ2のステップ関数を印加したときの過渡項と定常項をそれぞれ求めよ．

1)　$G(s)=\dfrac{4}{(1+s)(2+s)(1+3s)}$　　2)　$G(s)=\dfrac{9s}{4(1+8s)(1+2s)}$

3.　時定数Tの一次遅れ要素に単位インパルス入力を$t=0$で印加した．時間$t=0$，T，$2T$，$3T$，……の各時刻における応答値を求めると等比数列になる．等比数列になることを証明せよ．

4.　線形要素に単位インパルス入力を印加したところ，

$$y(t)=\frac{4}{3}(e^{-t}-e^{-4t})$$

の応答式を得ることができた．この要素の伝達関数を求め，この伝達関数に単位ステップ入力を印加したときの応答を求めよ．

5.　ある線形要素の単位ランプ応答（傾きの大きさが1となるランプ入力$x(t)=t$）を求めたところ

$$y(t)=-\frac{5}{6}+t+\frac{3}{2}e^{-2t}-\frac{2}{3}e^{-3t}$$

のような応答式が得られた．この要素の伝達関数を求め，次に単位ステップ入力を印加したときの応答を求めよ．

6.　以下に示すデータは二次遅れ要素のシステムに単位インパルス入力を印加させた

ときの出力 $y(t)$ を測定した結果である．このデータから時定数 T_1，T_2 をそれぞれ求めよ．

時間 t (min)	0	0.2	0.4	0.6	1.0	1.2	1.8	2.0
出力値 $y(t)$	0.10	0.49	0.55	0.51	0.37	0.30	0.17	0.14

7. 次の伝達関数に単位ステップ入力を印加したときの減衰係数，行き過ぎ量，減衰率，対数減衰率そして減衰の周期を求めよ．

1) $G(s)=\dfrac{1}{4s^2+8s+36}$　　2) $G(s)=\dfrac{8}{0.5s^2+s+8}$

8. 次の伝達関数の周波数伝達関数 $G(j\omega)$ を求めよ．

1) $G(s)=\dfrac{5}{s(1+2s)}$　　2) $G(s)=\dfrac{s}{(2+s)(1+s)}$

3) $G(s)=\dfrac{4(2+s)}{s(1+4s)(4+s)}$　　4) $G(s)=\dfrac{10e^{-0.2s}}{s(5+s)}$

9. 問題 2 で求めた周波数伝達関数 $G(j\omega)$ に対するベクトル軌跡をそれぞれについて求めよ．

10. 問題 2 で求めた周波数伝達関数 $G(j\omega)$ に対するボード線図をそれぞれについて求めよ．

11. **図 4・38** と **図 4・39** に示す近似的に表したボード線図のゲイン曲線から伝達関数を求めよ．

12. 以下に示す伝達関数のボード線図を近似的なゲインおよび位相曲線として求めよ．

1) $G(s)=\dfrac{10}{s(s+2)}$　　2) $G(s)=\dfrac{2s+1}{(s+1)(5s+1)}$

13. 任意入力を与えたときの応答を得るための式（4・26）を用いて，入力項に $x(t)=A\sin(\omega t)$ を代入したときの振幅比がゲイン $|G(j\omega)|$ に，位相差 ϕ が $\angle G(j\omega)$ となることを証明せよ．

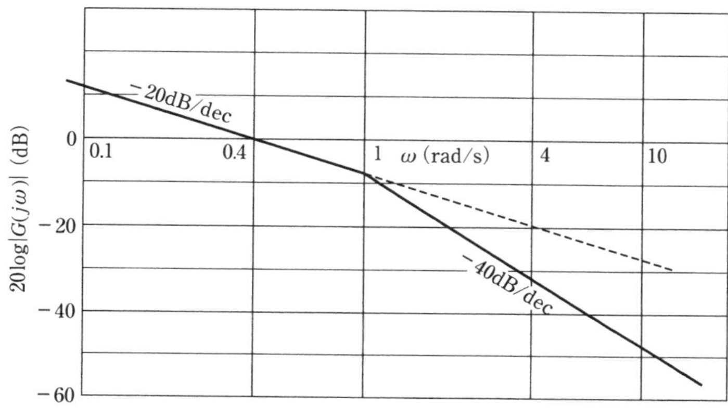

20log|G(jω)| (dB)
0
−20
−40
−60
0.1
0.4
1　ω (rad/s)
4
10
−20dB/dec
−40dB/dec

図 4・38

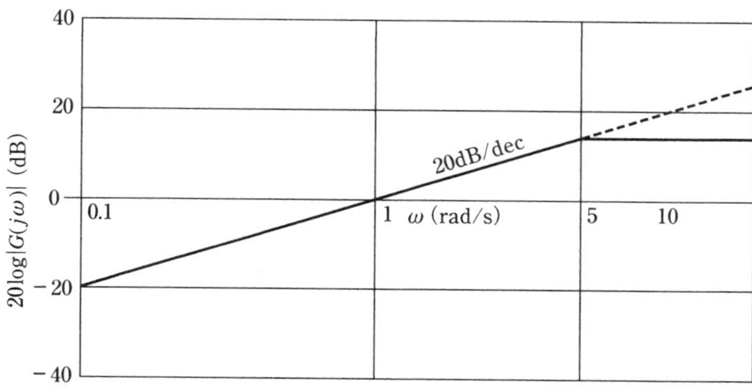

20log|G(jω)| (dB)
40
20
0
−20
−40
0.1
1　ω (rad/s)
5
10
20dB/dec

図 4・39

第5章 フィードバックシステムの応答

前章では開ループシステムの応答について述べた．この章では閉ループを形成するシステムの過渡応答特性，定常特性，そして周波数応答特性について述べる．閉ループシステムは**図 5･1** に示すようにフィードバック結合を構成するシステムであり，目標値（入力）に対して制御量（出力）を常に目標値に一致させるように，すなわち制御偏差信号 $e(t)$ を0になるように制御を行うシステムである．このようなシステムを**閉ループ制御システム**（closed-loop control system），あるいは**フィードバック制御システム**（feedback control system）という．

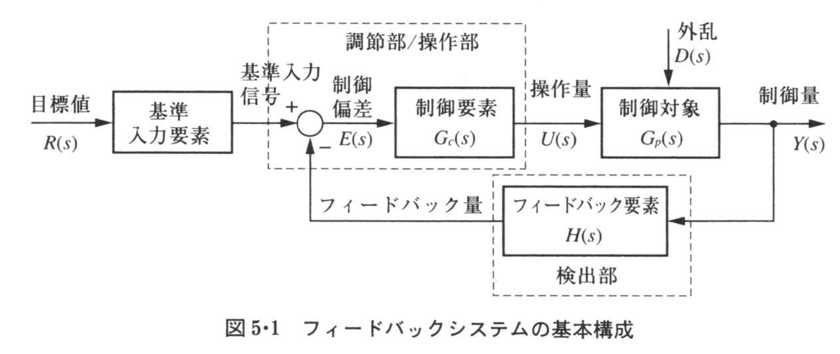

図 5･1　フィードバックシステムの基本構成

5･1　フィードバックの効果

図 5･1 に示すようなシステムを簡単にするために外乱が作用しないものとして考えると，フィードバックシステムは**図 5･2** のように書き直すことができる．

フィードバックするとどのような効果があるかについて考えてみよう.

(1)　制御偏差信号を 0 に制御できる

目標値に対する制御偏差との関係を求めると

$$E(s) = R(s) - H(s)Y(s)$$
$$Y(s) = G(s)E(s)$$

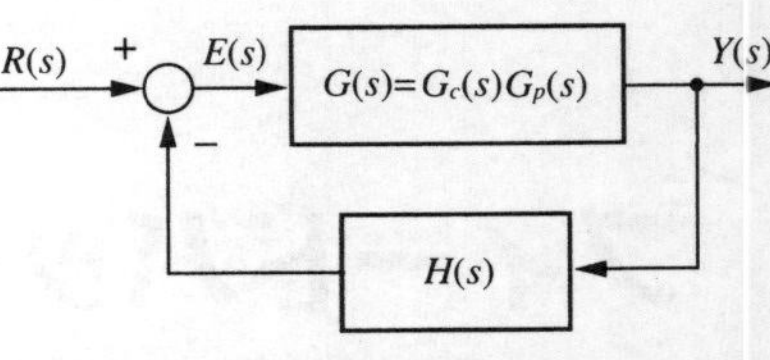

図 5・2　図 5・1 を簡単化したシステム

となるから

$$\frac{E(s)}{R(s)} = \frac{1}{1+G(s)H(s)} \tag{5・1}$$

として得られる.

そこで，このシステムの一巡伝達関数のゲインが $|G(s)H(s)| \gg 1$ であれば，式 (5・1) は

$$\frac{E(s)}{R(s)} \fallingdotseq 0$$

となり，$G(s)$ 内で多少のパラメータ変動があっても制御偏差を精度よく 0 に制御できる.

(2)　入出力関係に希望する特性をもたせることができる

目標値と出力（制御量）の関係を求めると

$$\frac{Y(s)}{R(s)} = \frac{G(s)}{1+G(s)H(s)} \tag{5・2}$$

となり，ゲインが $|G(s)H(s)| \ll 1$ とすると

$$\frac{Y(s)}{R(s)} \rightarrow G(s) \tag{5・3}$$

となる. よって，入出力間の特性はフィードバックのない前向き要素で決めることができる. 逆に，ゲインが $|G(s)H(s)| \gg 1$ とすると

$$\frac{Y(s)}{R(s)} \rightarrow \frac{1}{H(s)} \tag{5・4}$$

となり，入出力間の特性はフィードバック要素のみで決めることができる.

(3)　外乱がある場合，その外乱の影響を打ち消すように制御できる

外乱があってもその影響を除去できるのがフィードバックの強みでもある.

証明は練習問題にあげてある．
以上のように（1）～（3）の効果をあげることができる．

5･2　フィードバックシステムの過渡応答

一般的に，図 5･2 に示すシステムが安定ならば，システムの目標値に単位ステップ入力を印加したときの出力 $y(t)$ は，**図 5･3** のような高次遅れ要素的な（二次振動系も含む）反応を示すことが多い．このような応答から，以下の用語を定義できる．

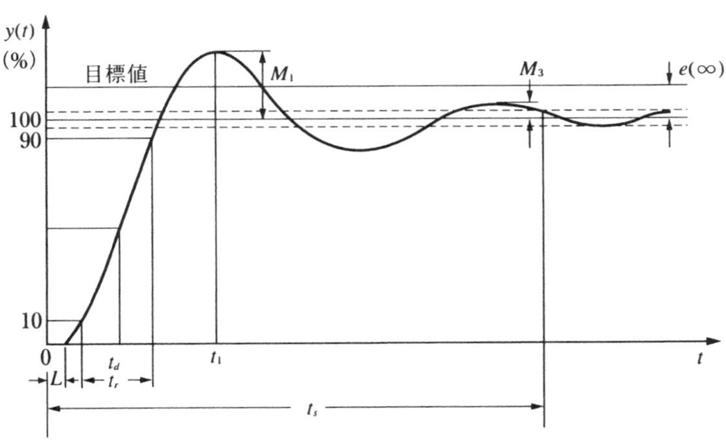

図 5･3　フィードバックシステムの単位ステップ応答

1）**行き過ぎ量**（overshoot）: 最終値と最大値との差［M_1］
2）**行き過ぎ時間**（time of peak）: 行き過ぎ量に達するまでの時間［t_1］
3）**遅れ時間**（delay time）: 最終値の 50 %に達するまでの時間［t_d］
4）**立ち上がり時間**（rise time）: 応答が最終値の 10 %から 90 %に達するまでの時間［t_r］
5）**整定時間**（settling time）: 応答が最終値の ± 2 %，あるいは ± 5 %以内に入るまでの時間［t_s］
6）**むだ時間**（dead time）: 応答が出力されるまでの時間［L］

7)　**定常偏差**（steady–state error）：目標値と最終値（制御量）の差［$e(\infty)$］

8)　**減衰率**（damping ratio）：行き過ぎ量に対する次の行き過ぎ量との比［γ］

行き過ぎ量M_1，そのときの行き過ぎ時間t_1の計算は，前章の式（4•20），（4•20)′ より

$$M_1 = e^{-\zeta\omega_n t_1} \tag{5•5}$$

$$t_1 = \frac{\pi}{\omega_n\sqrt{1-\zeta^2}} \tag{5•6}$$

として与えられる．また，整定時間t_sは減衰項が$\zeta\omega_n$である場合に時定数の4倍を過ぎると最終値の±2％以内に入ることがわかっている．また，時定数の3倍を過ぎると±5％以内に入る．よって，以下のような計算式を用いて整定時間を算出する．

±2％の場合：

$$t_s \fallingdotseq \frac{4}{\zeta\omega_n} \tag{5•7}$$

±5％の場合：

$$t_s \fallingdotseq \frac{3}{\zeta\omega_n} \tag{5•8}$$

以上の値はシステムの応答に対する安定性および速応性に関わる性能評価に用いる．例えば，安定性に関しては，行き過ぎ時間，立ち上がり時間，行き過ぎ量，減衰率などの値で評価できるし，速応性に関しては行き過ぎ時間，立ち上がり時間，遅れ時間，整定時間，むだ時間などの値で評価することができる．しかしながら，安定性と速応性は同時に満たすことが少なく，相反する関係にある．

例題 5•1　図5•4に示すシステムの目標値に単位ステップ入力を印加したときの応答 $y(t)$ を求めよ．

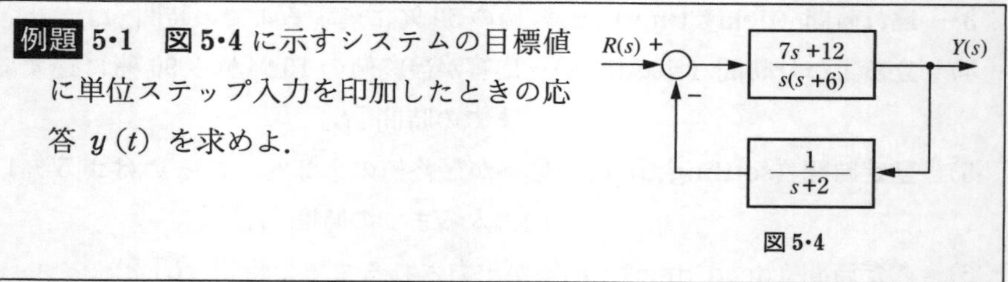

図5•4

（解）

$$\frac{Y(s)}{R(s)}=\frac{\dfrac{7s+12}{s(s+6)}}{1+\dfrac{7s+12}{s(s+6)(s+2)}}$$

$$=\frac{7s^2+26s+24}{s^3+8s^2+19s+12}=\frac{7s^2+26s+24}{(s+1)(s+3)(s+4)}$$

となる．故に

$$Y(s)=\frac{7s^2+26s+24}{(s+1)(s+3)(s+4)}R(s)$$

題意より $R(s)=\dfrac{1}{s}$ となるから

$$Y(s)=\frac{7s^2+26s+24}{(s+1)(s+3)(s+4)}\frac{1}{s}$$

特性根は，0，－1，－3，－4であるから部分分数に展開する．

$$Y(s)=\frac{A_4}{s+1}+\frac{A_3}{s+3}+\frac{A_2}{s+4}+\frac{A_1}{s}$$

$$A_4=\lim_{s\to-1}(s+1)Y(s)=\lim_{s\to-1}\frac{7s^2+26s+24}{(s+3)(s+4)s}=-\frac{5}{6}$$

$$A_3=\lim_{s\to-3}(s+3)Y(s)=\lim_{s\to-3}\frac{7s^2+26s+24}{(s+1)(s+4)s}=\frac{3}{2}$$

$$A_2=\lim_{s\to-4}(s+4)Y(s)=\lim_{s\to-4}\frac{7s^2+26s+24}{(s+1)(s+3)s}=-\frac{8}{3}$$

$$A_1=\lim_{s\to0}s\,Y(s)=\lim_{s\to0}\frac{7s^2+26s+24}{(s+1)(s+3)(s+4)}=2$$

$$Y(s)=-\frac{\dfrac{5}{6}}{s+1}+\frac{\dfrac{3}{2}}{s+3}-\frac{\dfrac{8}{3}}{s+4}+\frac{2}{s}$$

$$y(t)=\mathcal{L}^{-1}[Y(s)]=2-\frac{5}{6}e^{-t}+\frac{3}{2}e^{-3t}-\frac{8}{3}e^{-4t}$$

となる．

例題 5・2 図5・5に示すシステムの目標値に単位ステップ入力を印加し，そのときの出力 $y(t)$ の行き過ぎ量が20％になるための減衰係数 ζ を求めよ.
また応答が±2％内に入るときの整定時間を10秒以下にしたい．そのときの定数 a，K の値を求めよ.

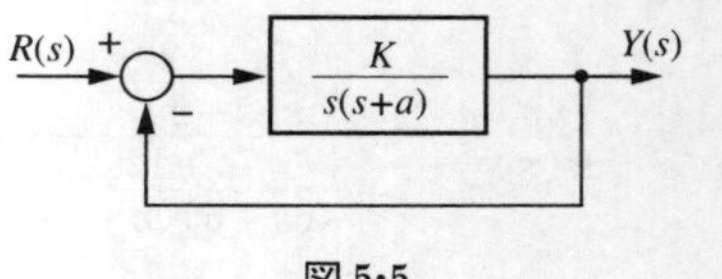

図5・5

（解）

行き過ぎ量 M_1 が20％とは $M_1=0.2$ となることから，式（5・5），（5・6）より

$$e^{-\frac{\pi\zeta}{\sqrt{1-\zeta^2}}}=0.2$$

となり，対数をとって整理すると

$$-\frac{\pi\zeta}{\sqrt{1-\zeta^2}}=\log_e 0.2=-1.61$$

$$\frac{\zeta}{\sqrt{1-\zeta^2}}=0.513$$

$$\zeta^2=0.208$$

$$\therefore \zeta \fallingdotseq 0.46$$

となる．また，整定時間 t_s を10秒以下（±2％）にするには式（5・7）より

$$\frac{4}{\zeta\omega_n}\leqq 10$$

となることから，$\zeta\omega_n \geqq 0.4$ を得る．$\zeta=0.46$ を代入すると

$$\omega_n \geqq 0.87$$

となる．また図5・5から

$$\frac{Y(s)}{R(s)}=\frac{K}{s^2+as+K}$$

$$=\frac{\omega_n^2}{s^2+2\zeta\omega_n s+\omega_n^2}$$

であることから，両式の係数同士を比較することで定数 a，K は

$$K=\omega_n^2 \geqq 0.76$$

$$a=2\zeta\omega_n \geqq 0.8$$

として求められる.

5・3 定常特性

安定なシステムにステップ入力を与えると，図5・3に示すような時間の経過とともに過渡状態から定常な状態へ収束する応答を示す．これを**定常特性**（steady－state characteristic）という．定常状態に落ちついた値を**最終値**（final value）という．フィードバックシステムは目標値に制御量を一致するように制御するのが目的である．

しかし，制御量が目標値と異なる値の最終値になる場合がある．このときの目標値 $r(t)$ と最終値 $y(t)$ との差 $e(t)=r(t)-y(t)$ を**定常偏差**（steady－state error）という．定常偏差は0に，あるいは0にできない場合は極力小さくなるように工夫する必要がある．その理由は入力に対するシステムの追従動作に影響を与えるからである．したがって，定常偏差はシステムの精度を表す重要なファクタである．

定常偏差は最終値の定理を用いることで計算できる．それは $t\to\infty$ での制御偏差信号 $e(t)$ を検討すればよい．

図5・6に示す直接フィードバックシステムについて考える．$R(s)$ と $E(s)$ に関する式を求める．

$$E(s)=R(s)-Y(s)$$

$$Y(s)=G(s)E(s)$$

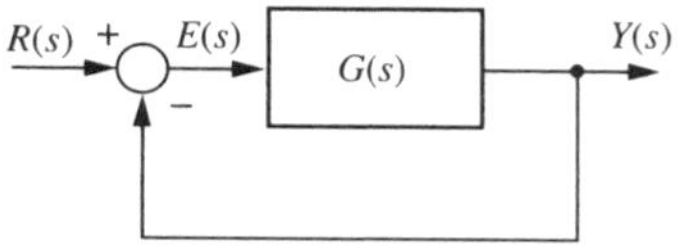

図5・6 直接フィードバックシステム

よって，$E(s)$ は

$$E(s)=\frac{1}{1+G(s)}R(s) \tag{5・9}$$

となる．最終値の定理（第**2**章**2・2**の（**5**））より

$$e(\infty)=\lim_{t\to\infty}e(t)=\lim_{s\to 0}sE(s) \tag{5・10}$$

$$=\lim_{s\to 0}s\frac{1}{1+G(s)}R(s) \tag{5・11}$$

より算出できる．

また，**図5・7**のようなフィードバック要素を含む場合は，出力 $Y(s)$ を求め

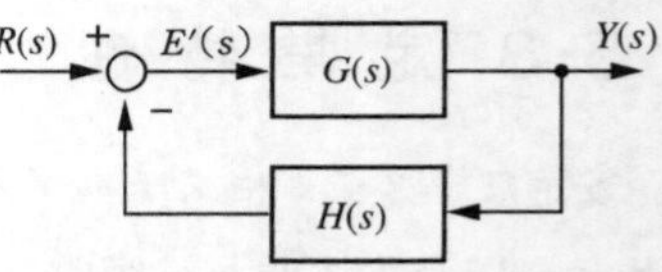

図5･7　フィードバック制御システム

てから式（5･10）より求める．すなわち，$E(s)=R(s)-Y(s)$ であるから，

$$Y(s)=\frac{G(s)}{1+G(s)H(s)}R(s)$$

より，

$$E(s)=\frac{1+G(s)\{H(s)-1\}}{1+G(s)H(s)}R(s) \tag{5･12}$$

となる．また，出力 $Y(s)$ に注目し，以下のように変形すると

$$Y(s)=\frac{1}{H(s)}\frac{G(s)H(s)}{1+G(s)H(s)}R(s) \tag{5･13}$$

$$=\frac{1}{H(s)}\frac{G'(s)}{1+G'(s)}R(s) \tag{5･14}$$

となる．ただし，$G'(s)=G(s)H(s)$ とする．式（5･14）のブロック線図は**図5･8**のような等価的直接フィードバックシステムとして表現できる．

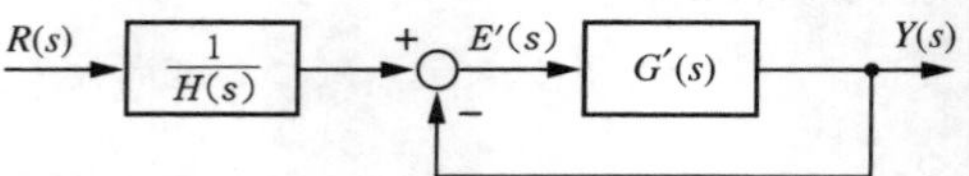

図5･8　等価的直接フィードバックシステム

よって，$\dfrac{R(s)}{H(s)}=R'(s)$ と置き換えれば，新しい目標値に対する直接フィードバックシステムの定常偏差 $E'(s)$ は次式のように得られることから，このシステムの定常偏差は $E(s)=R(s)-(R'(s)-E'(s))$ として計算できる．

$$E'(s)=\frac{1}{1+G'(s)}R'(s) \tag{5･15}$$

目標値に用いる入力信号によって，定常偏差には以下の3種類に分けることができる．

(1)　ステップ入力……定常位置偏差（static position error），あるいは**オフセット**（offset）

入力にステップ入力を与える場合で式（5･11）に $R(s)=\dfrac{A}{s}$ を代入する．

$$e(\infty)=\lim_{s\to 0}\frac{A}{1+G(s)} \tag{5・16}$$

となる.

一次遅れ要素 $G(s)=\dfrac{K}{1+Ts}$ に対する定常偏差を求めてみる.

$$e(\infty)=\lim_{s\to 0}\frac{A}{1+\dfrac{K}{1+Ts}}=\frac{A}{1+K} \tag{5・17}$$

図 5・9 に示すようになる. ゲイン定数 K を大きくすれば $e(\infty)\to 0$ にできるが, システム全体を考えると限界がある. そこで, オフセットを 0 にするには, 積分要素を入れると以下のように改善できる.

$$e(\infty)=\lim_{s\to 0}\frac{A}{1+\dfrac{K}{s(1+Ts)}}=0 \tag{5・18}$$

そのときの応答状態を**図 5・10** に示す.

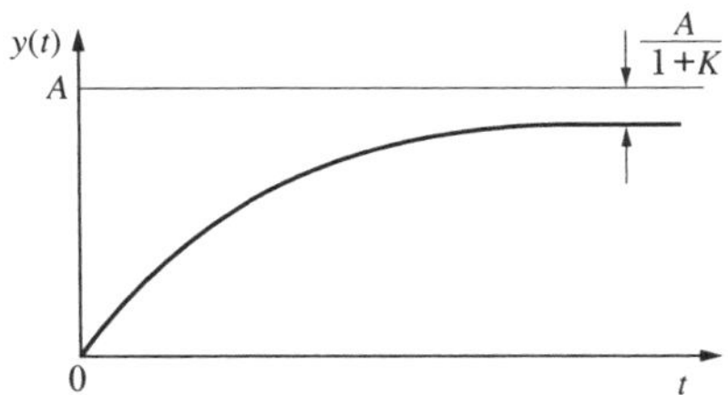

図 5・9 一次遅れ要素に対するオフセット

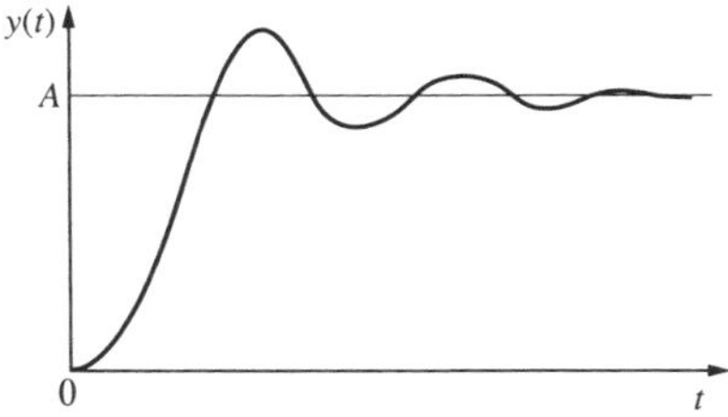

図 5・10 一次遅れ要素に積分要素を入れたシステムの応答

(2) 定速度(ランプ)入力……定常速度偏差 (static velocity error, ramp error)

ランプ入力 $R(s)=\dfrac{A}{s^2}$ を代入すると

$$e(\infty)=\lim_{s\to 0}\frac{1}{1+G(s)}\frac{A}{s^2}$$

$$=\lim_{s\to 0}\frac{A}{s+sG(s)}=\lim_{s\to 0}\frac{A}{sG(s)} \tag{5・19}$$

定常位置偏差の場合と同じように，一次遅れ要素を用いたときの定常速度偏差を求めてみると

$$e(\infty) = \lim_{s \to 0} \frac{A(1+Ts)}{Ks} = \infty \tag{5•20}$$

となり，**図 5•11** に示すように入力に追従できないことを意味する．そこで，このような定常偏差をなくすには，一巡伝達関数に K/s^n（$n \geqq 2$）となる要素を挿入すれば**図 5•12** のように定常速度偏差を 0 にすることができる．

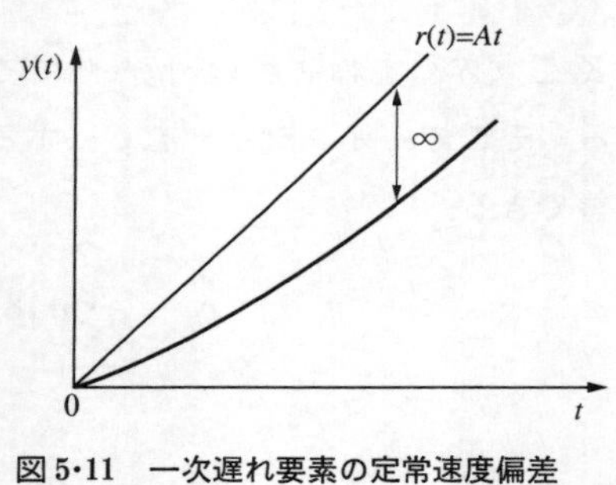

図 5•11　一次遅れ要素の定常速度偏差

図 5•12　一次遅れ要素に K/s^n を挿入したシステムの応答

(3)　定加速度入力……定常加速度偏差（static acceleration error）

定加速度入力とは $r(t) = \dfrac{1}{2}At^2$ のような関数で表せる入力をいう．よって $r(t)$ をラプラス変換すると $R(s) = \dfrac{A}{s^3}$ となり，式（5•11）に代入する．その結果は，

$$e(\infty) = \lim_{s \to 0} \frac{A}{s^2 G(s)} \tag{5•21}$$

となる．

以上のことから，伝達関数が

$$G(s) = \frac{Ke^{-Ls} \prod_j (1+T_j s)}{s^2 \prod_i (1+T_i s)} \tag{5•22}$$

として与えられたとき，s にかかる係数 n が $n = 0$ のとき，このシステムを 0

形系という．また，$n = 1$ のとき1形系，$n = 2$ のとき2形系という．したがって，このようなシステムに対する定常偏差の結果を各入力に対してまとめると**表 5·1** のようになる．

表 5·1 各入力に対する定常偏差

系＼入力	ステップ入力 $r(t)=A$	ランプ入力 $r(t)=At$	定加速度入力 $r(t)=\frac{1}{2}At^2$
0 形系 $\frac{K}{1+Ts}$	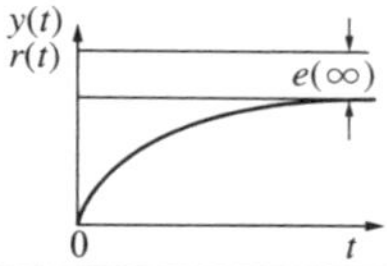	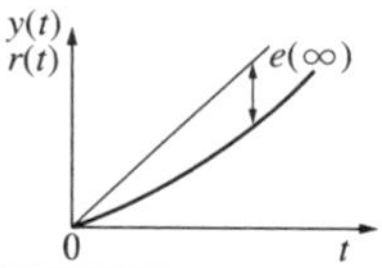	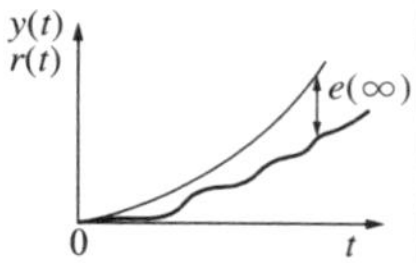
	$e(\infty) = \frac{A}{1+K}$	$e(\infty) = \infty$	$e(\infty) = \infty$
1 形系 $\frac{K}{s(1+Ts)}$	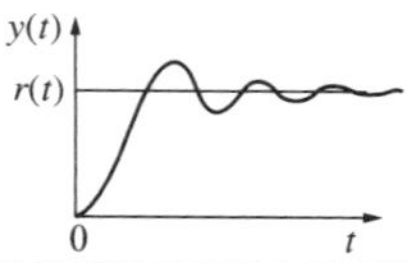	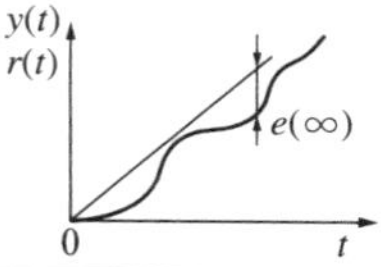	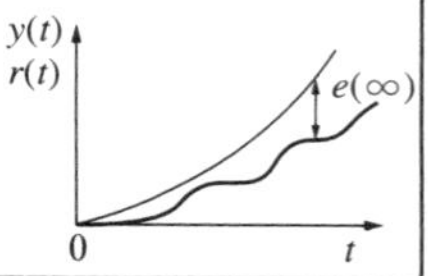
	$e(\infty) = 0$	$e(\infty) = \frac{A}{K}$	$e(\infty) = \infty$
2 形系 $\frac{K}{s^2(1+Ts)}$	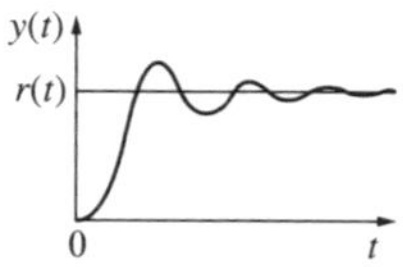	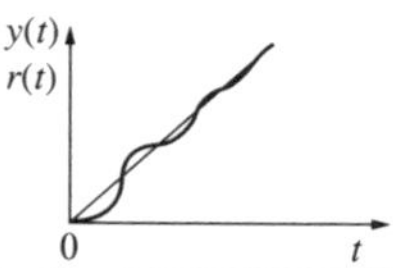	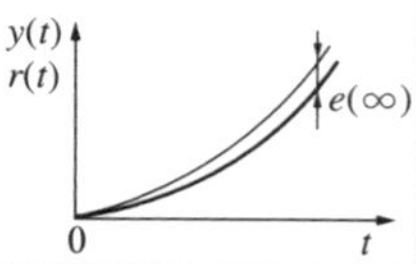
	$e(\infty) = 0$	$e(\infty) = 0$	$e(\infty) = \frac{A}{K}$

例題 5·3 直接フィードバックシステムの伝達関数

$$G(s) = \frac{10}{(s+2)(s+5)}$$

にステップの大きさが2のステップ入力を印加したときに生じる定常偏差を求めよ．

（解）

式（5·11）より

$$e(\infty) = \lim_{s \to 0} sE(s)$$

$$=\lim_{s\to 0}\frac{2}{1+\dfrac{10}{(s+2)(s+5)}}$$

$$=\frac{2}{2}=1$$

例題 5・4　**図 5・13** に示すフィードバックシステムに単位ステップ入力を印加したときの応答と，定常偏差を求めよ．

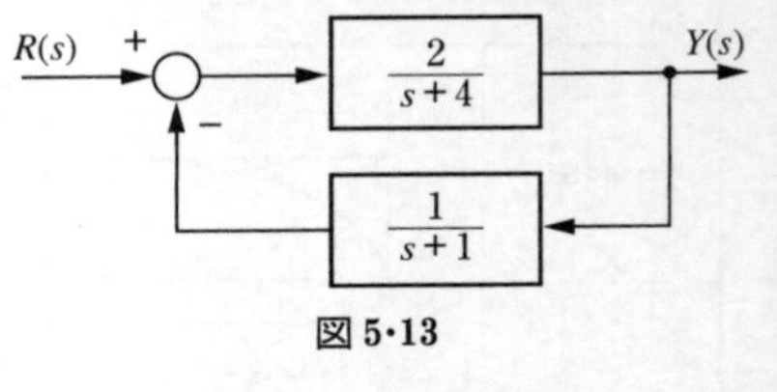

図 5・13

（解）

フィードバック要素を含んでいることから，定常偏差を３つの方法から算出する．

1)　ステップ入力印加にともなうフィードバックシステムの出力 $y(t)$ より求める．

図 5・13 の出力 $Y(s)$ は

$$Y(s)=\frac{\dfrac{2}{s+4}}{1+\dfrac{2}{(s+4)(s+1)}}R(s)$$

$$=\frac{2(s+1)}{(s+2)(s+3)}R(s)$$

となる．題意より，$R(s)=1/s$ を代入し，部分分数に展開する．

$$Y(s)=\frac{A_3}{s+2}+\frac{A_2}{s+3}+\frac{A_1}{s}$$

未知係数はヘビサイド（Heaviside）の展開公式よりそれぞれ求めると

$$A_3=\lim_{s\to -2}(s+2)Y(s)=\lim_{s\to -2}\frac{2(s+1)}{s(s+3)}=1$$

$$A_2=\lim_{s\to -3}(s+3)Y(s)=\lim_{s\to -3}\frac{2(s+1)}{s(s+2)}=-\frac{4}{3}$$

$$A_1=\lim_{s\to 0}sY(s)=\lim_{s\to 0}\frac{2(s+1)}{(s+2)(s+3)}=\frac{1}{3}$$

となり，出力 $y(t)$ は

$$y(t)=\mathcal{L}^{-1}[Y(s)]=e^{-2t}-\frac{4}{3}e^{-3t}+\frac{1}{3}$$

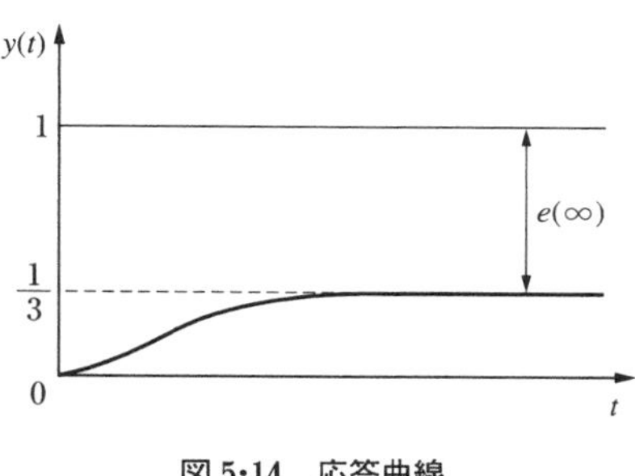

図 5・14　応答曲線

として得られ，$y(t)$ の応答曲線は**図 5・14**のようになる．

したがって，ステップ入力の印加にともなう定常偏差 $e(\infty)$ は

$$e(\infty) = \lim_{t\to\infty}\{r(t)-y(t)\}$$
$$= 1-\lim_{t\to\infty} y(t)$$
$$= 1-\frac{1}{3} = \frac{2}{3}$$

として得られる．

2)　式（5・12）より定常偏差 $e(\infty)$ を求める．

式（5・12）は

$$E(s) = \frac{1+\dfrac{2}{s+4}\left(\dfrac{1}{s+1}-1\right)}{1+\dfrac{2}{(s+4)(s+1)}}R(s)$$

$$= \frac{(s+4)(s+1)-2s}{(s+4)(s+1)+2}R(s) = \frac{s^2+3s+4}{(s+2)(s+3)}R(s)$$

となり，$R(s) = 1/s$ と上式を式（5・10）に代入すると，定常偏差 $e(\infty)$ は

$$e(\infty) = \lim_{s\to 0} sE(s) = \frac{4}{6} = \frac{2}{3}$$

として求められる．

3)　式（5・14）より定常偏差 $e(\infty)$ を求める．

等価的な直接フィードバックに置き換えたときの新しい目標値 $R'(s)$ は

$$R'(s) = \frac{s+1}{s}$$

となるから

$$E'(s) = \frac{1}{1+\dfrac{2}{(s+4)(s+1)}}R'(s)$$

故に，$E(s) = R(s) - (R'(s) - E'(s))$ より 2) と同じ式が導かれ

$$e(\infty) = \lim_{s\to 0} sE(s) = \frac{2}{3}$$

として求められる．

以上のように，応答計算より求めた定常偏差の結果と式（5•12），（5•14）を用いた結果は同じ結果になっている．

5・4　システムの周波数応答

図 5•15 (a)，(b) に示す直接フィードバックシステムの伝達関数 $W(s)$ に，$s=j\omega$ を代入して得られる周波数伝達関数 $W(j\omega)$ は

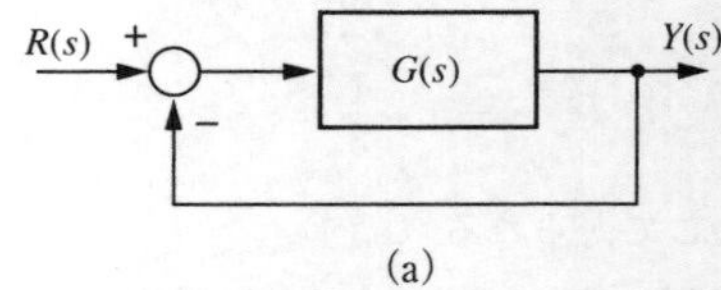

(a)

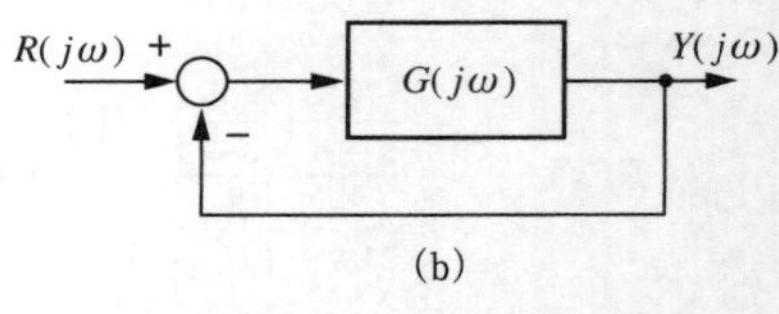

(b)

図 5•15　直接フィードバックシステム

$$W(s)=\frac{Y(s)}{R(s)}=\frac{G(s)}{1+G(s)} \tag{5•23}$$

$$W(j\omega)=\frac{Y(j\omega)}{R(j\omega)}=\frac{G(j\omega)}{1+G(j\omega)} \tag{5•24}$$

となり，この $W(j\omega)$ の周波数応答法について考える．

直接フィードバックシステムに対しては，計算を省く方法として便利な図表が作られている．それは，ベクトル軌跡に対しては $M-\phi$ 軌跡あるいは $M-\alpha$ 軌跡が，そしてボード線図に対しては**ニコルズ**（Nichols）**線図**である．

(1)　$M-\phi$ 軌跡

式（5•24）でゲイン $M(\omega)$，位相差 $e^{j\alpha(\omega)}$ とおくと，

$$W(j\omega)=\frac{G(j\omega)}{1+G(j\omega)}=M(\omega)e^{j\alpha(\omega)} \tag{5•25}$$

また，$G(j\omega)=x+jy$ とし，実数部 Re $[W(j\omega)]$，虚数部 Im $[W(j\omega)]$ をそれぞれ求め，ゲイン $M(\omega)$ を求めると（式の煩雑を避けるために (ω) は省略する）

$$M^2=\frac{x^2+y^2}{1+2x+x^2+y^2}$$

となる．さらに，整理し，まとめると

$$\left(x-\frac{M^2}{1-M^2}\right)^2+y^2=\left\{\frac{M}{1-M^2}\right\}^2 \tag{5·26}$$

を得る．この式は半径 $\frac{M}{1-M^2}$ で，x 軸上に $\frac{M^2}{1-M^2}$ ずれた円の方程式であることを表す．したがって，M の値を変えることによって円群，すなわち等 M 軌跡を得ることができる．

また，位相差に関しては，$N=\tan\phi$ とすると

$$N=\frac{y}{x^2+x+y^2}$$

となり，整理し，まとめる．

$$\left(x+\frac{1}{2}\right)^2+\left(y-\frac{1}{2N}\right)^2=\frac{1+N^2}{4N^2} \tag{5·27}$$

この式に関しても，x 軸に $-1/2$，y 軸に $1/2N$ を中心点とする，半径

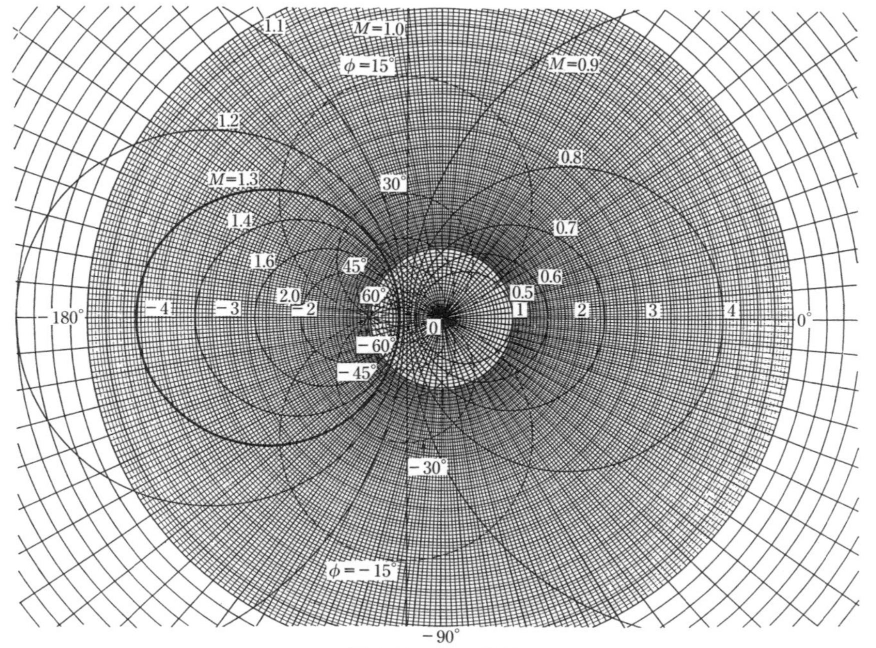

図 5·16　M–ϕ 軌跡

$\sqrt{1+N^2}/(2N)$ の円の方程式である．したがって，N の値によって円群，すなわち等 ϕ 軌跡を得ることができる．

以上より得られる等 M 軌跡および等 ϕ 軌跡を図に示すと**図 5•16** のようになる．

このような M-ϕ 軌跡と $G(j\omega)$ のベクトル軌跡を重ね，各 ω に対する M と ϕ を読み取ることで $W(j\omega)=\dfrac{G(j\omega)}{1+G(j\omega)}$ の周波数特性を求めることができる．

> **例題 5•5**　一巡伝達関数 $G(s)$ が以下のように与えられた直接フィードバックシステムを M-ϕ 軌跡上に描き，システムの周波数特性を求めよ．
>
> $$G(s)=\frac{50}{s(s+2)(s+5)}$$

（解）

一巡伝達関数は

$$G(s)=\frac{50}{s(s+2)(s+5)}=\frac{5}{s(0.5s+1)(0.2s+1)}$$

となることから，ゲインおよび位相差は

$$|G(j\omega)|=\frac{5}{\omega\sqrt{1+(0.5\omega)^2}\sqrt{1+(0.2\omega)^2}}$$

$$\angle G(j\omega)=-\{90^\circ+\tan^{-1}(0.5\omega)+\tan^{-1}(0.2\omega)\}$$

として求められ，そのときの ω を変数としたときのゲインおよび位相差の値を**表 5•2** に示す．

ベクトル軌跡を M-ϕ 軌跡上に描き，各 ω に対する M，ϕ の値を読み取り，dB 単位に値してからボード線図に描くことにより閉ループシステムの周波数特性を求めることができる．**図 5•17** はベクトル軌跡を M-ϕ 軌跡上に描いた図であり，**図 5•18** は閉ループシステムの周波数特性を示すボード線図である．

(2)　ニコルズ線図（Nichols chart）

一巡伝達関数 $G(j\omega)$ のゲインおよび位相曲線から図 5•15 のような直接フィードバックを形成するシステムの周波数特性を得る方法である．

式（5•25）に $G(j\omega)=|G(j\omega)|e^{j\theta}$ を代入し，整理すると

表 5・2　$G(s)=\dfrac{50}{s(s+2)(s+5)}$ のゲインおよび位相

ω	一巡伝達関数		M－ϕ 軌跡	
	$\lvert G(j\omega)\rvert$	$\angle G(j\omega)$ (°)	M	ϕ (°)
0.2	25.0	－ 98		
0.4	12.2	－106		
0.6	7.9	－114		
0.8	5.7	－121		
1.0	4.4	－128	1.14	－ 12
1.5	2.6	－144	1.38	－ 18
2.0	1.6	－157	2.0	－ 30
3.0	0.8	－177	4.5	－165
4.0	0.4	－192	0.8	－210
5.0	0.3	－203	0.3	－220
6.0	0.2	－212		
8.0	0.08	－224		
10.0	0.04	－232		

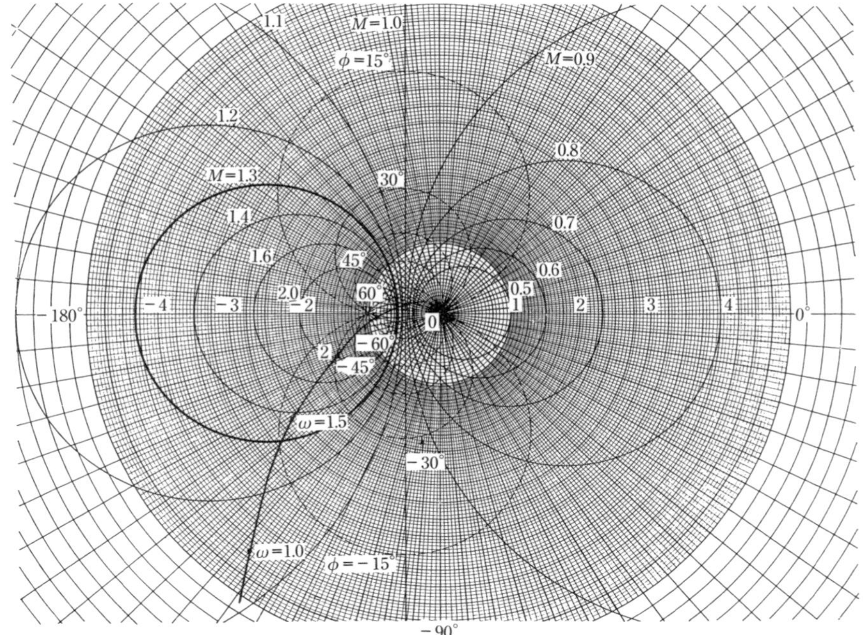

図 5・17　M–ϕ 軌跡上のベクトル軌跡

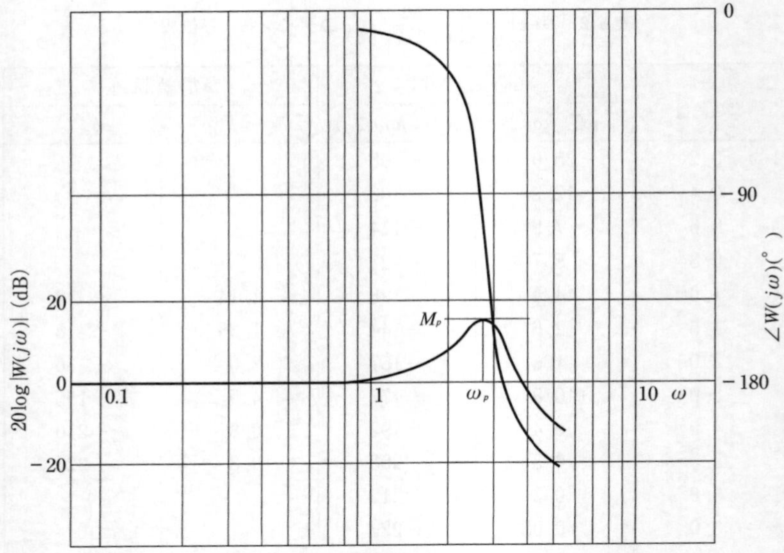

図5·18　例題5·5の閉ループシステムの周波数特性

$$M(\omega)e^{j\alpha(\omega)}=\frac{G(j\omega)}{1+G(j\omega)}$$

$$=\frac{1}{1+\dfrac{1}{G(j\omega)}}=\frac{1}{1+\dfrac{e^{-j\theta}}{|G(j\omega)|}}$$

$$=\frac{1}{1+\dfrac{\cos\theta}{|G(j\omega)|}-j\dfrac{\sin\theta}{|G(j\omega)|}} \tag{5·28}$$

よって，ゲインMおよび位相差αは

$$M=\frac{1}{\sqrt{1+\dfrac{2\cos\theta}{|G(j\omega)|}+\dfrac{1}{|G(j\omega)|^2}}} \tag{5·29}$$

$$\alpha=\tan^{-1}\frac{\sin\theta}{|G(j\omega)|+\cos\theta} \tag{5·30}$$

として得られる．M，α＝一定としたときのおのおのの$|G(j\omega)|$およびθについて求めると

$$|G(j\omega)| = \frac{1}{\sqrt{1-2M^{-1}\cos\alpha + M^{-2}}} \tag{5・31}$$

$$\theta = \tan^{-1}\frac{\sin\alpha}{\cos\alpha - M} \tag{5・32}$$

となる．ゲイン $|G(j\omega)|$ をdB単位で縦軸に，位相差 θ を横軸にとって，一定の M，α の点を結ぶ軌跡を求めると，**図5・19**に示す線図となる．この線図を M-α 軌跡，あるいはニコルズ線図という．このニコルズ線図は $\theta = -180°$ の垂直線に対して左右対称になり，$M > 1$（0 dB）で閉曲線になる．

例題 5・6　例題5・5のシステムをニコルズ線図を用いて周波数特性を求めよ．

（解）

一巡伝達関数 $G(s)$ は

$$G(s) = \frac{50}{s(s+2)(s+5)} = \frac{5}{s\left(\frac{1}{2}s+1\right)\left(\frac{1}{5}s+1\right)}$$

となり，積分要素の積分時間 T_I が1であり，一次遅れ要素における時定数 T_1，T_2 がそれぞれ0.5と0.2である．折点周波数 ω_b が2と5となる一次遅れ要素のボード線図を描き，積分および比例要素（$20\log_{10}5 \fallingdotseq 14$ dB）を合成したゲイン曲線および位相曲線を求める．**図5・20**はそのときのボード線図である．閉ループシステムを形成するときの周波数特性はこのボード線図から，以下の手順で求める．

［1］　一巡伝達関数のボード線図から各 ω に対するゲインおよび位相差を読み取る．

［2］　ニコルズ線図に各 ω に対するゲイン-位相曲線を描く．

［3］　ニコルズ線図とゲイン-位相曲線の交点から各 ω に対する M および α を読み取る．

［4］　読み取った各 ω に対する M と α を再び線図上にプロットしたゲインおよび位相曲線が閉ループシステムの周波数特性となる．

以上の手法で求めた結果は，［1］と［3］による手法の結果が**表5・3**に，［2］による手法が**図5・21**，そして［4］による手法の結果が**図5・22**である．図5・18の M-ϕ 軌跡より得た周波数特性と同じ特性結果になっている．

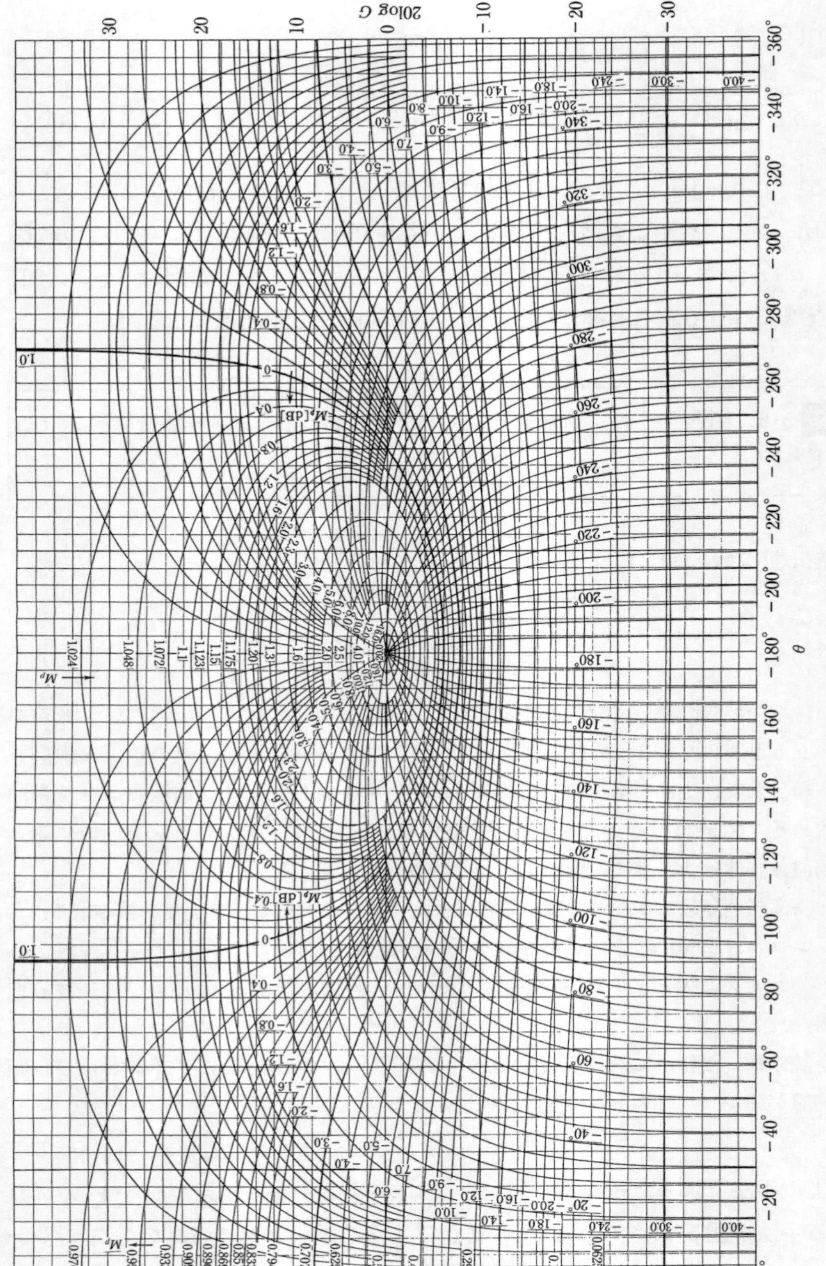
20log G
30
20
10
0
−10
−20
−30
θ
0°
−20°
−40°
−60°
−80°
−100°
−120°
−140°
−160°
−180°
−200°
−220°
−240°
−260°
−280°
−300°
−320°
−340°
−360°
M_p
M_p[dB]

図 5·19　ニコルズ線図

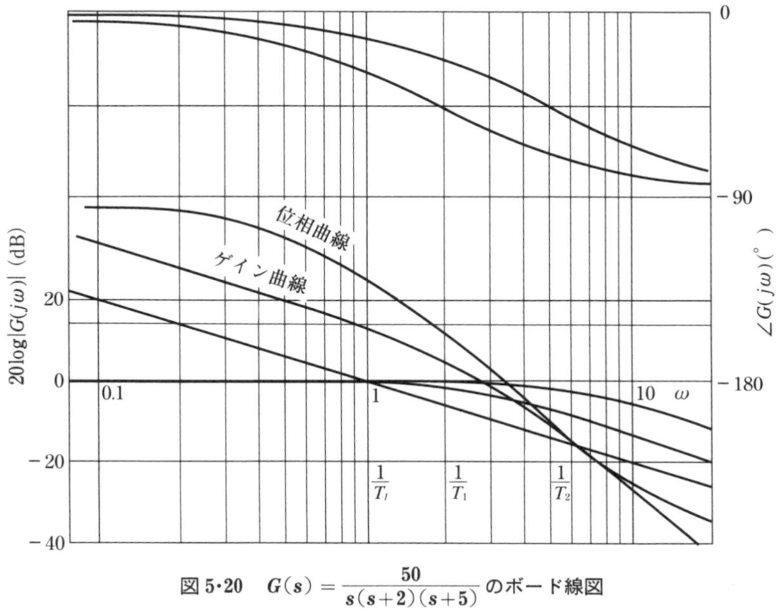

図 5·20　$G(s)=\dfrac{50}{s(s+2)(s+5)}$ のボード線図

表 5·3　$G(s)=\dfrac{50}{s(s+2)(s+5)}$ のゲインおよび位相差

ω	一巡伝達関数		ニコルズ線図	
	$20\log\|G(j\omega)\|$ (dB)	$\angle G(j\omega)$ (°)	M (dB)	α (°)
0.2	27.9	−98	0.05	−2.5
0.4	21.7	−106	0.15	−4.3
0.6	18.0	−114	0.38	−7.0
0.8	15.1	−121	0.68	−9
1.0	12.9	−128	1.1	−12
1.5	8.3	−144	2.8	−17.5
2.0	4.1	−157	6.0	−26
3.0	−2.1	−177	13.0	−165
4.0	−7.1	−192	−2	−202
5.0	−11.7	−203	−9.5	−212
6.0	−15.4	−212	−14	−218
8.0	−21.8	−224		
10.0	−27.1	−232		

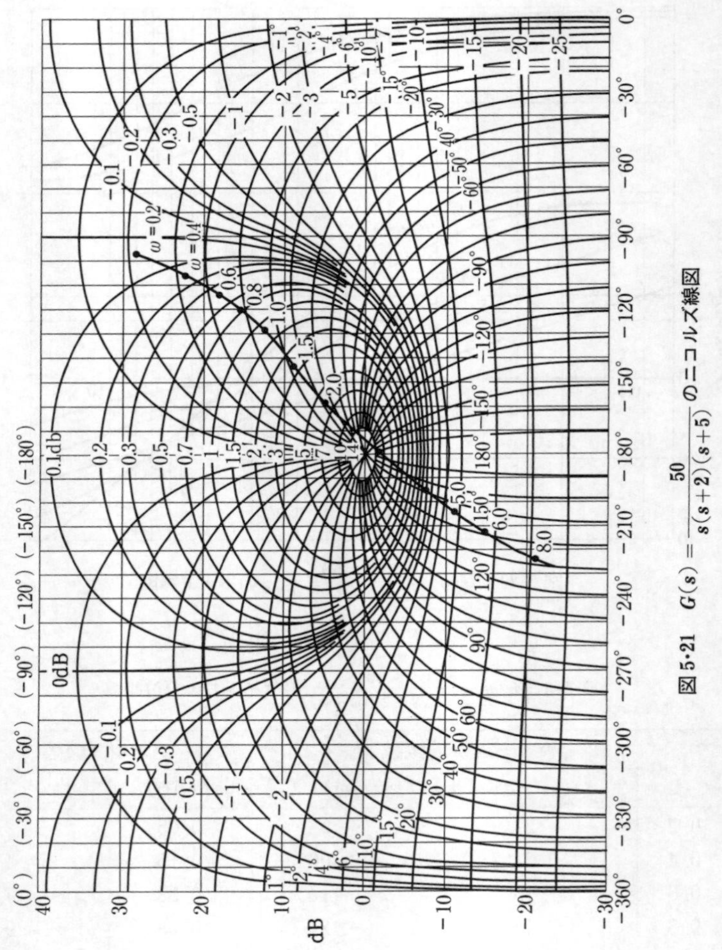

図 5・21　$G(s)=\dfrac{50}{s(s+2)(s+5)}$ のニコルズ線図

システムは目標値や外乱が入るとシステムの制御量に変化を生じる．安定なシステムであれば制御量は次第に減少する．したがって，システムは絶対に安定なシステムにする必要がある．特に，高次のシステムに対しては，ボード線図や M-ϕ 軌跡，ニコルズ線図がシステムの解析や設計を行う際に有効な役割をなす．

一般に，ニコルズ線図から得るゲイン曲線が**図 5・23** に示すような最大値を示すことを**共振値** M_p（resonance value）といい，そのときの周波数を**共振**

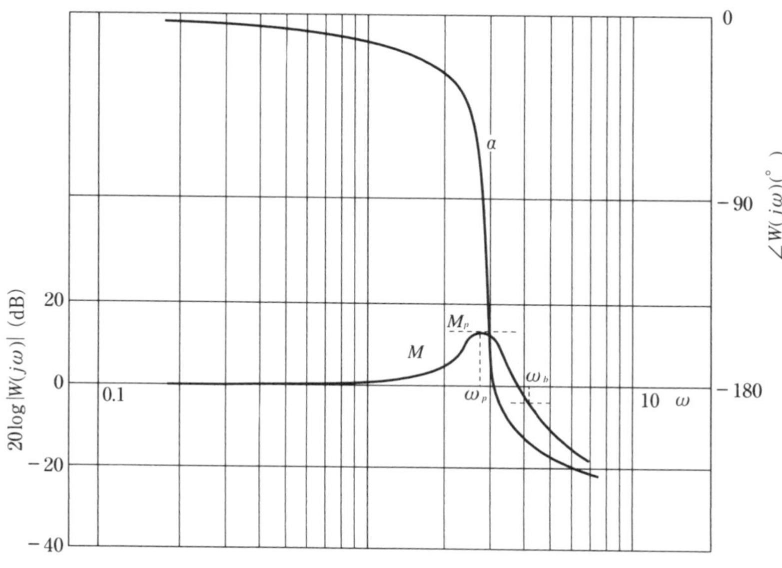

図 5・22 ニコルズ線図より求めた周波数特性

周波数 ω_p（resonance frequency）という．また，ゲイン曲線が $1/\sqrt{2}$（-3 dB）となる周波数 ω_b を**しゃ断周波数**または**帯域幅**という．

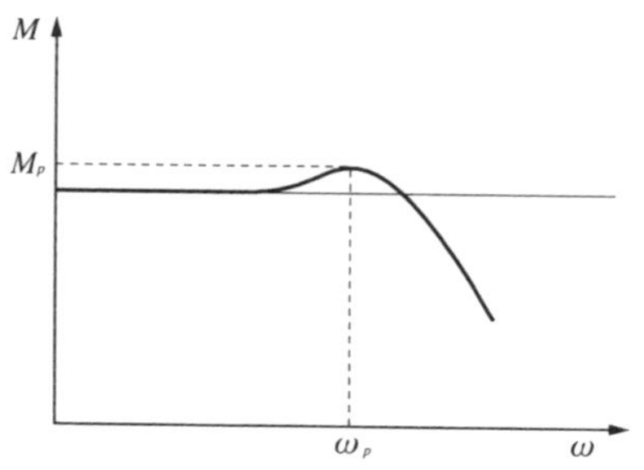

図 5・23 閉ループシステムのゲイン曲線

例題 5・7 例題 5・6 で得た周波数特性曲線から共振値 M_p，共振周波数 ω_p，帯域幅 ω_b をそれぞれ求めよ．

（解）

図 5・22 の周波数特性曲線から M_p，ω_p，ω_b を読み取ると

$M_p = 13.5\,\mathrm{dB}$

$\omega_p = 2.78\,\mathrm{rad/s}$

$\omega_b = 4.15\,\mathrm{rad/s}$

となる．ただし，周波数ωの単位をrad/sとする．

共振値M_pは制御系に対して以下の値になるように設計することが望ましいとされている．

プロセス制御：　2.0

サーボ機構：　1.2～1.5

自動調整：　1.5

図5・24（a）に示すようなフィードバック要素を含むシステムに対しては，次式のように変形し，図（b）のように表す．

$$Me^{j\alpha} = \frac{G(j\omega)}{1+G(j\omega)H(j\omega)} = \frac{1}{H(j\omega)}\frac{G(j\omega)H(j\omega)}{1+G(j\omega)H(j\omega)} \tag{5・33}$$

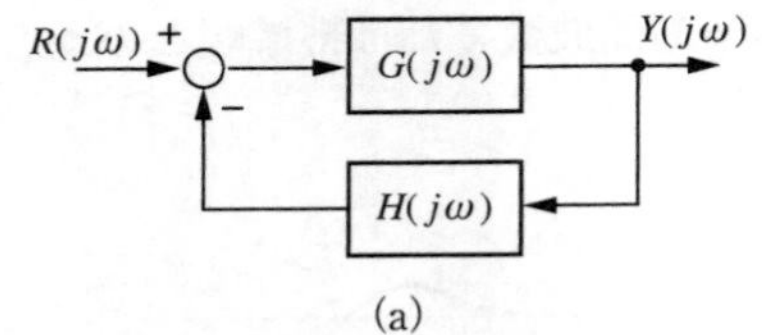

(a)

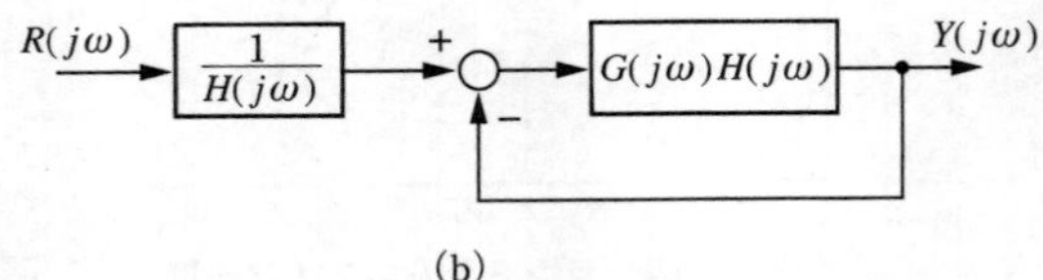

(b)

図5・24　フィードバック要素をもつシステム

そこで，一巡伝達関数$G(j\omega)H(j\omega)$のボード線図を求める．ニコルズ線図上にゲイン-位相曲線を描き，ニコルズ線図からMとαを読み取る．このMとαをボード線図上に再度記入し，ゲイン$|H(j\omega)|$，位相$\angle H(j\omega)$の修正を加えることでフィードバック要素を含む場合の周波数特性を得ることができる．

5章　練習問題

1.　図5･1のシステムで外乱が存在する場合にフィードバック制御を施すと外乱の影響を除去できることを証明せよ．ただし，ゲイン $|G(s)H(s)| \gg 1$ とし，$G(s) = G_c(s)\,G_p(s)$ とする．

2.　直接フィードバックシステムに目標値として単位ステップ入力，単位インパルス入力を印加したときの出力 $y(t)$ をそれぞれ求めよ．

1)　$G(s) = \dfrac{5}{s+1}$　　2)　$G(s) = \dfrac{11s+1}{(2s+1)(4s+1)}$

3)　$G(s) = \dfrac{2}{(s+5)^2}$　　4)　$G(s) = \dfrac{7s+12}{s(s+6)(s+2)}$

3.　**図5･25** に示すシステムに単位ステップ入力を印加したときの応答で減衰係数，行き過ぎ量，行き過ぎ時間，減衰率，そして最終値が±2％内に入るときの整定時間を求めよ．

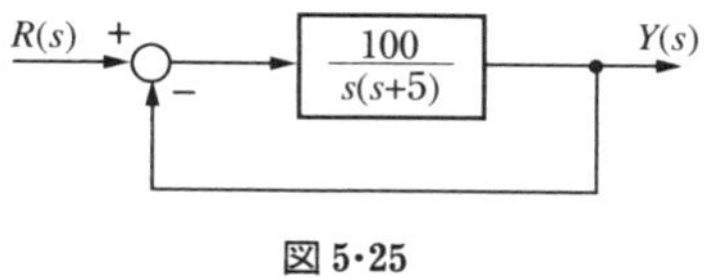

図5･25

4.　直接フィードバックシステムの伝達関数 $G(s)$ の目標値入力信号 $R(s)$ を印加したときの定常偏差を求めよ．

1)　$G(s) = \dfrac{1}{s(s^2+5s+6)}$　　$R(s) = \dfrac{1}{s}$

2)　$G(s) = \dfrac{10}{(1+s)(1+2s)}$　　$R(s) = \dfrac{1}{s} + \dfrac{2}{s^2}$

3)　$G(s) = \dfrac{1+s}{s(4+s)(1+3s)^2}$　　$R(s) = \dfrac{2}{s}$

4)　$G(s) = \dfrac{k}{s(1+2s)(1+4s)}$　　$R(s) = \dfrac{1}{s^2}$

5.　**図5･26** に示すシステムに対して入力信号 $R(s)$ を印加したときの定常偏差を求めよ．

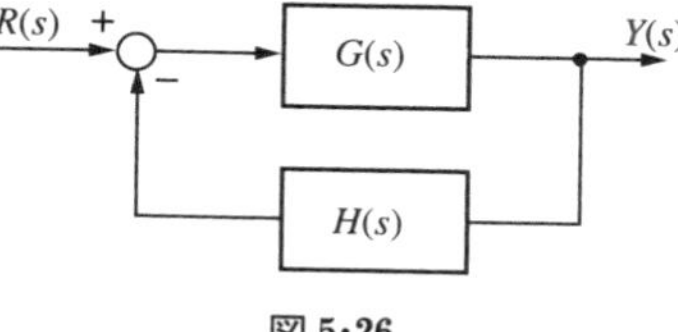

図5･26

1)　$G(s) = \dfrac{2}{s+3}$, $H(s) = \dfrac{5}{2s+1}$, $R(s) = \dfrac{3}{s}$

2)　$G(s) = \dfrac{1}{s(s+5)}$, $H(s) = \dfrac{2}{s+1}$, $R(s) = \dfrac{1}{s^2}$

3)　$G(s) = \dfrac{12}{s^2+5s+1}$, $H(s) = \dfrac{1}{8s+3}$, $R(s) = \dfrac{1}{s}$

6. $M-\alpha$ 軌跡となる式（5･26）と式（5･27）を証明せよ.

7. ニコルズ線図となる式（5･29）と式（5･30）を証明せよ.

8. 伝達関数 $G(s)$ のベクトル軌跡とボード線図を描き，$M-\alpha$ 軌跡，ニコルズ線図から直接フィードバックシステムの周波数特性を求めよ.

$$G(s) = \frac{10}{s(s+1)(s+5)}$$

9. 伝達関数 $G(s)$ が次式で与えられる直接フィードバックシステムの共振値 M_p，共振周波数 ω_p，しゃ断周波数 ω_b をそれぞれ求めよ.

$$G(s) = \frac{5}{s(0.2s+1)}$$

10. 問題 9 で $M_p = 1.3$ にするにはゲイン定数をどのくらいの値にすればよいか.

第6章

システムの安定判別法

システムが**安定**（stable）であるとは，目標値の変化や外乱などの影響をシステムが受けても，出力の変動状態が時間とともに消失し，元のような平衡状態に戻ることをいう．また，システムの出力変動が時間とともに増幅し，発散するような状態を**不安定**（unstable）という．さらに，安定と不安定の中間に位置する発散もしない，消失もしない持続的な振動状態を維持する状態を**安定限界**（stability limit）といい，古典制御理論では不安定の部類に入れている．

開ループシステムが安定であってもループを閉じた閉ループシステムで不安定になる場合もある．この章では，システムの特性方程式を解くことなく特性方程式の係数から安定・不安定の判別を吟味できる方法と周波数応答法より得られるベクトル軌跡やボード線図などの図式解法より吟味する方法などについて説明する．

6・1　安定の概念

図 6・1 に示すフィードバックシステムの伝達関数は

$$W(s)=\frac{Y(s)}{R(s)}=\frac{G(s)}{1+G(s)H(s)} \qquad (6\cdot1)$$

となる．このようなシステムの特性方程式は，式（6・1）の分母を 0 とおいた

$$1+G(s)H(s)=0 \qquad (6\cdot2)$$

で与えられる．一般に，分母の次数が分子の次数よりも等しいか大きいことか

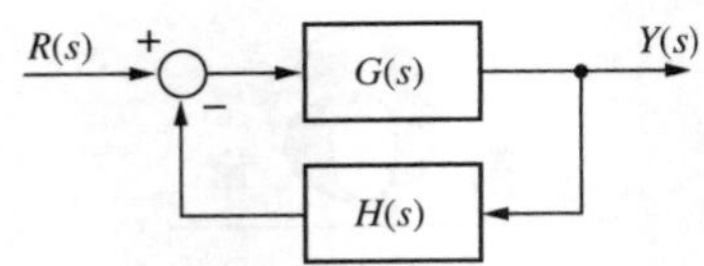

図6・1　フィードバックシステム

ら特性方程式を s の多項式で表すと

$$a_0 s^n + a_1 s^{n-1} + a_2 s^{n-2} + a_3 s^{n-3} + \cdots\cdots + a_{n-1} s + a_n = 0 \qquad (6\cdot3)$$

のような n 次式で表せるものとする．この方程式を満たす s の値を**特性根**（characteristic root）という．この特性根の符号と値からシステムの安定性と速応性が理解できる．特性根が実根そして複素根をもつ場合について考える．

(1)　実根の場合

n 次式で表される特性方程式の特性根が n 個すべて異なるものとする．そのときの特性根を λ_i（i = 1, 2, 3, ……, n）とする．ただし，重根があってもよいが，単根として説明する．式（6・3）は

$$a_0(s-\lambda_1)(s-\lambda_2)\cdots\cdots(s-\lambda_n) = 0 \qquad (6\cdot4)$$

となる．図6・1の目標値 $R(s)$ に単位インパルス入力を印加した場合，式（6・1）より $Y(s)$ は

$$Y(s) = W(s)R(s) = K_0 + \frac{K_1}{s-\lambda_1} + \frac{K_2}{s-\lambda_2} + \cdots\cdots + \frac{K_n}{s-\lambda_n} \qquad (6\cdot5)$$

として部分分数に展開できる．ラプラス逆変換を施すと，出力 $y(t)$ は

$$y(t) = K_0 + K_1 e^{\lambda_1 t} + K_2 e^{\lambda_2 t} + \cdots\cdots + K_n e^{\lambda_n t} \qquad (6\cdot6)$$

として得られる．

この式からも理解できるように，安定なシステムを形成するには，指数関数の指数部，すなわち特性根の符号がすべて負でなければならない．もし，一つでも正の符号をもつ特性根が存在すると，その特性根の影響で無限大に発散することになり，不安定なシステムになる．したがって，特性根が実根であれば**図6・2**に示すように，s 平面の実軸上に存在する．特性根の配置で安定および不安定の状態がわかると同時に，また時間変化に対する応答曲線の状態についてもわかる．

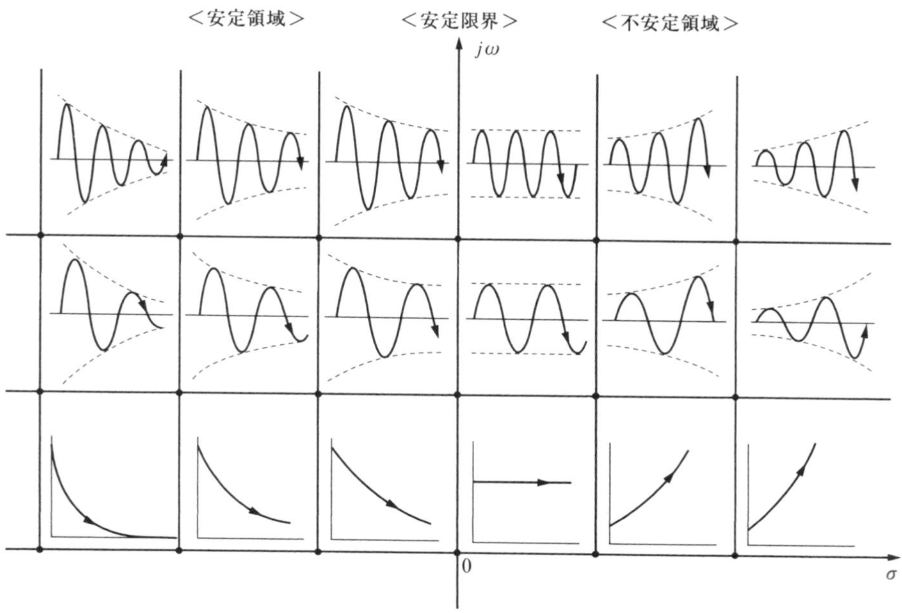

図 6・2　単位インパルス入力における s 平面上の特性根位置と応答の関係

(2)　複素根の場合

特性根が複素数ならば，必ず共役複素根 $\lambda_i = \sigma_i + j\omega_i$，$\lambda_{i+1} = \sigma_i - j\omega_i$ ($i = 1, 3, \cdots\cdots, n-1$) となり，偶数個で形成される．もし，奇数次の特性方程式ならば，偶数個の複素根を引いた残りの特性根が実根か零になる．

このような複素根に対しても，式 (6・5) のような部分分数に展開できる．いま，一組の共役な複素根 $\lambda_1 = \sigma + j\omega$，$\lambda_2 = \sigma - j\omega$ について考えてみる．部分分数に展開した未知係数も共役複素数を形成し，$K_R \pm jK_I$ とする．よって，式 (6・6) と同様に

$$\begin{aligned} y(t) &= (K_R + jK_I)\ e^{(\sigma + j\omega)} + (K_R - jK_I)\ e^{(\sigma - j\omega)} \\ &= 2\sqrt{K_R{}^2 + K_I{}^2}\, e^{\sigma t} \cos\left(\omega t + \tan^{-1}\frac{K_I}{K_R}\right) \end{aligned} \tag{6・7}$$

を得る．式 (6・7) は振動する状態の式を表す．よって，**図 6・3** に示すように指数関数の指数部にかかる σ の符号で，

(a)　$\sigma > 0$：発散振動（不安定）

(b)　$\sigma = 0$：持続振動，あるいは単振動（不安定）

(c)　$\sigma < 0$：減衰振動（安定）

の3種類が考えられる．安定なシステムを形成するには（c）の減衰振動になるようにしなくてはならない．したがって，複素根の実数部の符号が負，すなわち s 平面の左半面に存在する必要がある．また，σ の値が大きくなると減衰状態が速くなり，また ω の値が大きくなると振動周期が短くなる．そのときの振動状態を図に示したものが図6•2である．

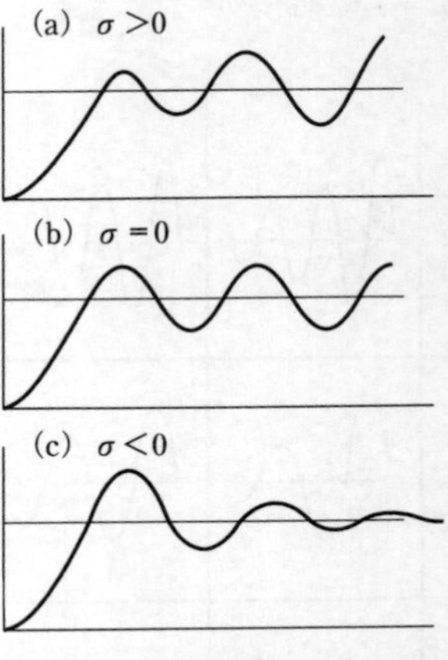

図6•3　指数の符号による応答

以上のことをまとめると，システムの特性根が負の実数および複素根の実部が負になれば，すなわち**図6•4**のように s 平面の左半面に存在すれば安定となり，それ以外では不安定になる．また，実数根や複素根の実数部が0となり，しかも他の特性根が負になるならば，そのときの出力は持続振動状態を示し，安定限界になる．

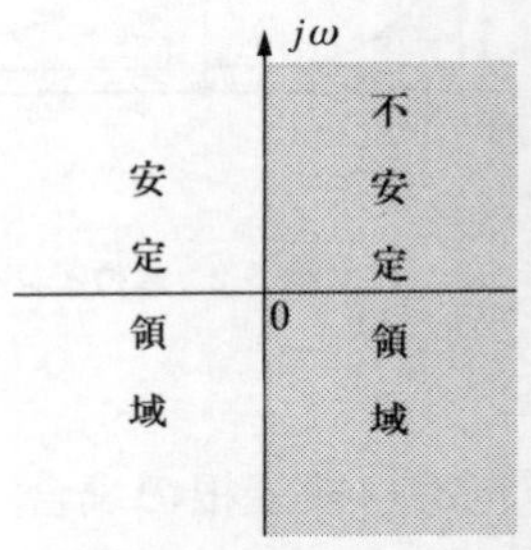

図6•4　s 平面の安定および不安定領域

6•2　特性方程式の係数で安定判別を行う方法

式（6•2）で与えられる特性方程式を式（6•8）のように多項式で表記する．

$$a_0 s^n + a_1 s^{n-1} + a_2 s^{n-2} + a_3 s^{n-3} + \cdots\cdots + a_{n-1} s + a_n = 0 \qquad (6\text{•}8)$$

この方程式を解き，特性根のとる符号から安定判別ができた．しかし，高次の方程式になると簡単には解くことができない．そこで，この多項式を構成する係数 a_0，a_1，a_2，a_3，……，a_{n-1}，a_n で安定判別を行える方法として，1877年に発表した**ラウス**（Routh）**の安定判別法**と1893年に発表した**フルヴィッツ**（Hurwitz）**の安定判別法**がある．この2つの判別法は同じような判別方法であることから**ラウス-フルヴィッツの安定判別法**とも呼ばれている．ただし，この判別方法は，システム内にむだ時間要素を含む場合は適用できない．しかし，むだ時間要素を有理関数で近似することにより，近似的な多項式で表現できる**パディ近似法**（Pade's approximate method）を用いれば近似的ではあるが，判別できることになる．

(1)　フルヴィッツの安定判別法（Hurwitz's criteria）

フルヴィッツの安定判別は式（6•8）で表される特性方程式の係数から次の3つの条件を満足したときに安定と判別できる方法である．

条件 1：係数の存在条件（必要条件）

おのおののsの次数にかかる係数 a_0，a_1，a_2，a_3，……，a_{n-1}，a_n が1つも欠けることなく（≠0）すべて存在する．

条件 2：同符号条件（必要条件）

条件1を満たす係数の符号がすべて同一である．

条件 3：すべてのフルヴィッツ行列式 $H_k > 0$ を満たす．($k = 1, 2, 3, \cdots\cdots, n-1$)（必要十分条件）

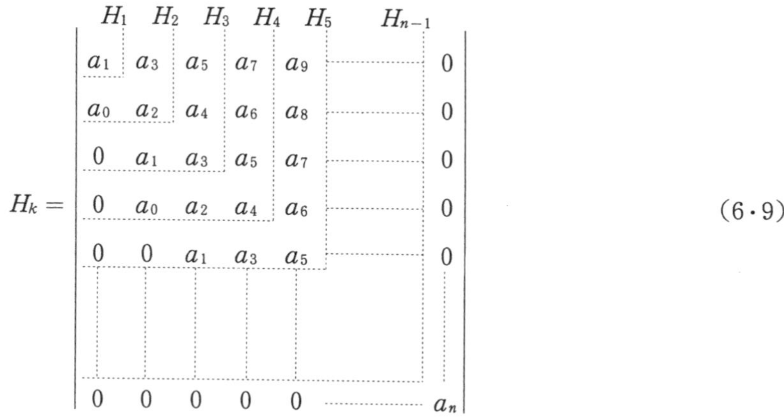

$$H_k = \begin{vmatrix} a_1 & a_3 & a_5 & a_7 & a_9 & \cdots & 0 \\ a_0 & a_2 & a_4 & a_6 & a_8 & \cdots & 0 \\ 0 & a_1 & a_3 & a_5 & a_7 & \cdots & 0 \\ 0 & a_0 & a_2 & a_4 & a_6 & \cdots & 0 \\ 0 & 0 & a_1 & a_3 & a_5 & \cdots & 0 \\ \vdots & \vdots & \vdots & \vdots & \vdots & & \vdots \\ 0 & 0 & 0 & 0 & 0 & \cdots & a_n \end{vmatrix} \qquad (6\cdot9)$$

（$k = 1, 2, 3, \cdots\cdots, n-1$）　ただし，$k > n$ では $a_k = 0$ とする．

以上の3条件をすべて満たすことができれば，そのシステムは安定であると判別する．1つでも満たすことができなければ不安定と判別する．また，条件

3のフルヴィッツ行列式が$H_k=0$になるときは，そのシステムは安定限界になることを示す．

例題 6•1　一巡伝達関数$G(s)H(s)$が

$$G(s)H(s)=\frac{2s+5}{s(s+1)(s+2)(s+3)}$$

で与えられるとき，フルヴィッツの方法でシステムの安定判別をせよ．

（解）

特性方程式は

$$1+G(s)H(s)=1+\frac{2s+5}{s(s+1)(s+2)(s+3)}=0$$

より，

$$s(s+1)(s+2)(s+3)+2s+5=s^4+6s^3+11s^2+8s+5=0$$

したがって，おのおのの係数はそれぞれ$a_0=1$，$a_1=6$，$a_2=11$，$a_3=8$，$a_4=5$となり，これらの係数から各条件を吟味すれば，

条件1：特性方程式のすべての係数が存在している．

条件2：すべての係数の符号が同符号（+）である．

条件3：4次方程式であることから，$n=4$よりフルヴィッツ行列式はH_1，H_2，H_3について求める．その結果，

$$H_1=6>0$$

$$H_2=\begin{vmatrix}6 & 8\\ 1 & 11\end{vmatrix}=66-8=58>0$$

$$H_3=\begin{vmatrix}6 & 8 & 0\\ 1 & 11 & 5\\ 0 & 6 & 8\end{vmatrix}=6\begin{vmatrix}11 & 5\\ 6 & 8\end{vmatrix}-\begin{vmatrix}8 & 0\\ 6 & 8\end{vmatrix}=284>0$$

となり，すべての$H_k>0$（$k=1, 2, 3$）となる．

以上の結果より，3条件を満たすことから，このシステムは安定となる．

(2)　ラウスの安定判別法（Routh's criteria）

ラウスの判別法とフルヴィッツの判別法は同じような方法で判別を行う．中

でも，条件 1 と 2 はまったく同じであり，条件 3 だけが異なる．

条件 1：係数の存在条件（必要条件）

おのおのの s の次数にかかる係数 a_0，a_1，a_2，a_3，……，a_{n-1}，a_n がすべて存在する．

条件 2：同符号条件（必要条件）

条件 1 を満たす係数の符号がすべて同一である．

条件 3：ラウス数列を作成し，第 1 列目に配置する各要素の符号変化がない．（必要十分条件）

の 3 条件を満たすときだけ，そのシステムは安定であると判別する．したがって，それ以外では不安定となる．不安定になる中でも，条件 1 と 2 を満たし，条件 3 の要素内で符号変化がある場合には，符号の変化した回数が不安定の原因になる特性根の数を指す．不安定になる特性根の数が判明する点がフルヴィッツの判別法と異なる点である．また同様に，要素内に 0 となる要素がある場合には，このシステムは持続振動の状態になり，安定限界と判別する．

【ラウス数列の作成方法】

ラウス数列は，s^n，s^{n-1} に対応する行の要素に特性方程式の係数を順次交互に配置する．3 行目以降は以下のような計算方法から算出する．

$$
\begin{array}{c||c|cccccc}
s^n & a_0 & a_2 & a_4 & a_6 & a_8 & \cdots\cdots \\
s^{n-1} & a_1 & a_3 & a_5 & a_7 & a_9 & \cdots\cdots \\
s^{n-2} & b_1 & b_2 & b_3 & b_4 & b_5 & \cdots\cdots \\
s^{n-3} & c_1 & c_2 & c_3 & c_4 & c_5 & \cdots\cdots \\
s^{n-4} & d_1 & d_2 & d_3 & d_4 & d_5 & \cdots\cdots \\
 & \vdots & \vdots & \vdots & \vdots & \vdots & \\
s^2 & e_1 & e_2 & e_3 & & & \\
s & f_1 & f_2 & & & & \\
s^0 & g_1 & & & & &
\end{array}
$$

$$b_1 = \frac{-\begin{vmatrix} a_0 & a_2 \\ a_1 & a_3 \end{vmatrix}}{a_1},\ b_2 = \frac{-\begin{vmatrix} a_0 & a_4 \\ a_1 & a_5 \end{vmatrix}}{a_1},\ b_3 = \frac{-\begin{vmatrix} a_0 & a_6 \\ a_1 & a_7 \end{vmatrix}}{a_1},\ \cdots\cdots$$

$$c_1 = \frac{-\begin{vmatrix} a_1 & a_3 \\ b_1 & b_2 \end{vmatrix}}{b_1},\ c_2 = \frac{-\begin{vmatrix} a_1 & a_5 \\ b_1 & b_3 \end{vmatrix}}{b_1},\ c_3 = \frac{-\begin{vmatrix} a_1 & a_7 \\ b_1 & b_4 \end{vmatrix}}{b_1},\ \cdots\cdots$$

$$d_1 = \frac{-\begin{vmatrix} b_1 & b_2 \\ c_1 & c_2 \end{vmatrix}}{c_1},\ d_2 = \frac{-\begin{vmatrix} b_1 & b_3 \\ c_1 & c_3 \end{vmatrix}}{c_1},\ d_3 = \frac{-\begin{vmatrix} b_1 & b_4 \\ c_1 & c_4 \end{vmatrix}}{c_1},\ \cdots\cdots$$

$$\vdots$$

$$g_1 = \frac{-\begin{vmatrix} e_1 & e_2 \\ f_1 & f_2 \end{vmatrix}}{f_1} \qquad (6\cdot10)$$

また，計算方法を理解しやすいように図示化したものが**図 6･5** である．図からもわかるように，規則的な計算方法になることがわかるであろう．特に，第 1 列目の要素がすべての要素を求める**基**（base）になる．例えば，s^{n-2} に対応する行の各要素は，求めようとする上 2 行の要素を使って，2×2 の行列式を

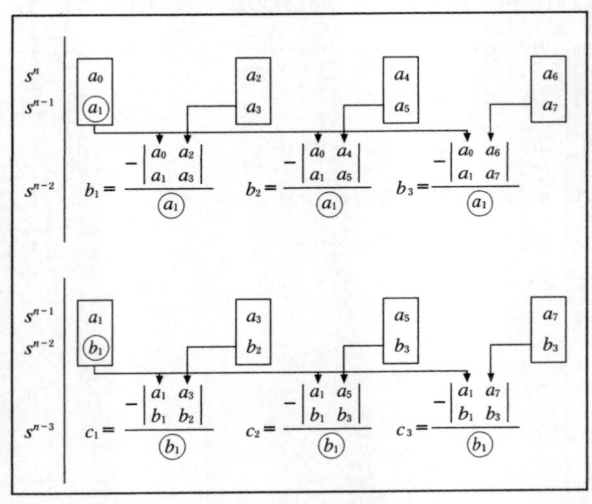

図 6･5　ラウス列の規則的計算法

作り，第1列目のa_1を基数にして割ればよい．b_1を計算する行列式は，第1列目の上2行の値a_0，a_1と求めようとするb_1の隣り，b_2の列上2行の要素a_2，a_3で作る．以下の要素についても同じ方法で計算を続けて求めればよい．

例題 6・2　一巡伝達関数$G(s)H(s)$が

$$G(s)H(s)=\frac{20K}{s(4s+1)(s^2+2s+4)}$$

で与えられているシステムで，$K=1$とした場合の安定判別をせよ．また，判別結果が不安定になったならば，安定にするゲインKの値の範囲を求めよ．ただし，ラウスの判別法を使用する．

（解）

特性方程式は

$$1+G(s)H(s)=1+\frac{20K}{s(4s+1)(s^2+2s+4)}=0$$

$$4s^4+9s^3+18s^2+4s+20K=0$$

として得られる．題意より$K=1$とおくと，特性方程式は

$$4s^4+9s^3+18s^2+4s+20=0$$

となる．よって，ラウスの判別法より，

条件1：$a_0=4$，$a_1=9$，$a_2=18$，$a_3=4$，$a_4=20$

となり，すべての係数が存在する．

条件2：係数a_0，a_1，a_2，a_3，a_4の符号はすべて同じである．

条件3：ラウス数列は

符号					
$+$	s^4	4	18	20	0
$+$	s^3	9	4	0	0
$+$	s^2	$\frac{146}{9}$	20	0	
$-$	s	$-\frac{518}{73}$	0		
$+$	s^0	20			

$$b_1=\frac{-\begin{vmatrix}4 & 18\\ 9 & 4\end{vmatrix}}{9}=\frac{146}{9},\quad b_2=\frac{-\begin{vmatrix}4 & 20\\ 9 & 0\end{vmatrix}}{9}=20,\quad b_3=\frac{-\begin{vmatrix}4 & 0\\ 9 & 0\end{vmatrix}}{9}=0$$

$$c_1=\frac{-\begin{vmatrix}9 & 4\\ \frac{146}{9} & 20\end{vmatrix}}{\frac{146}{9}}=-\frac{518}{73},\quad c_2=\frac{-\begin{vmatrix}9 & 0\\ \frac{146}{9} & 0\end{vmatrix}}{\frac{146}{9}}=0$$

$$d_1=\frac{-\begin{vmatrix}\frac{146}{9} & 20\\ -\frac{518}{73} & 0\end{vmatrix}}{-\frac{518}{73}}=20$$

となる．第1列目の数列の要素に対する符号の変化は，＋，＋，＋，−，＋となり，符号の変化は2回ある．

以上より，条件3を満たすことができないことから，このシステムは不安定になる．しかも，不安定の原因となる特性根は4個の内，2個存在することになる．

次に，システムが不安定になることから安定にするためのゲイン K の範囲を求める．

ゲイン K を含んだ特性方程式は

$$4s^4+9s^3+18s^2+4s+20K=0$$

であることから，ラウスの判別法の3条件より

条件1：$20K\neq 0$

条件2：$20K>0$ となる必要がある．故に，$K>0$ となる．

条件3：ラウス数列より

$$\begin{array}{c|ccc} s^4 & 4 & 18 & 20K\\ s^3 & 9 & 4 & 0\\ s^2 & \frac{146}{9} & 20K & \\ s & \frac{-810K+292}{73} & 0 & \\ s^0 & 20K & & \end{array}$$

安定にするためには，第1列目の数列の符号が正になる必要がある．そのためには，s，s^0 に対応する要素がそれぞれ

$$\frac{-810K+292}{73}>0,\ 20K>0$$

となることである．故に，

$$K<\frac{292}{810}\ \text{と}\ K>0$$

を得る．ただし，s^0 に対応する要素の条件は条件 2 と同じである．

以上の結果より，システムを安定にするゲイン K の範囲は

$$0<K<0.36$$

として求められる．

システム内にむだ時間要素を含んだ形で安定判別を行う必要が生じた場合は，むだ時間要素 e^{-Ls} をマクローリン級数展開し，必要に応じた項数で打ち切る近似方法をとればよい．しかし，このような方法で近似精度をあげるには，高次の項までとる必要がある．次数をあげると近似精度はよくなるが，その反面計算が非常に面倒になる．そこでパディ（Pade）は有理関数で近似し，マクローリン級数展開したと同じような結果を示す近似方法を提案した．これがパディ近似法である．

マクローリン級数展開では

$$e^{-Ls}=1-Ls+\frac{1}{2!}L^2s^2-\frac{1}{3!}L^3s^3+\frac{1}{4!}L^4s^4-\frac{1}{5!}L^5s^5+\cdots\cdots \tag{6･11}$$

として表せる．また，パディ近似では近似度によって

(1)　$$e^{-Ls}\fallingdotseq\frac{2-Ls}{2+Ls} \tag{6･12}$$

(2)　$$e^{-Ls}\fallingdotseq\frac{6-4Ls+L^2s^2}{6+2Ls} \tag{6･13}$$

(3)　$$e^{-Ls}\fallingdotseq\frac{6-2Ls}{6+4Ls+L^2s^2} \tag{6･14}$$

(4)　$$e^{-Ls}\fallingdotseq\frac{12-6Ls+L^2s^2}{12+6Ls+L^2s^2} \tag{6･15}$$

などの式を用いる．

例題 6･3 図 6･6 のシステムの安定判別をせよ．ただし，むだ時間要素は式（6･12）の第 1 次近似式を用いよ．

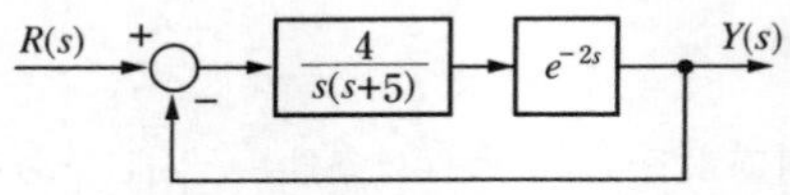

図 6･6 むだ時間要素を含んだシステム

（解）

特性方程式は

$$1+\frac{4e^{-2s}}{s(s+5)}=0$$

$$s^2+5s+4e^{-2s}=0$$

題意より，むだ時間要素を

$$e^{-2s}\fallingdotseq\frac{2-2s}{2+2s}$$

とすることから，特性方程式内に代入し整理する．

$$2s^3+12s^2+2s+8=0$$

よって，システムの安定判別をフルヴィッツの方法で行うと

条件 1：特性方程式のすべての係数が存在している．

条件 2：すべての係数の符号が同符号（＋）である．

条件 3：3 次の特性方程式であることから，$n=3$ よりフルヴィッツ行列式は H_1，H_2 について求める．その結果，

$$H_1=12>0$$

$$H_2=\begin{vmatrix}12 & 8\\ 2 & 2\end{vmatrix}=24-16=8>0$$

ゆえに，むだ時間要素を第 1 次近似式で表した場合には，フルヴィッツの 3 条件を満たすことになり，安定になると判別できる．

6･3 図式解法

安定判別の図式解法には，第 4 章で説明をしたベクトル軌跡，ボード線図，ゲイン−位相線図，根軌跡などをあげることができる．根軌跡に関しては次章

で簡単に説明する．

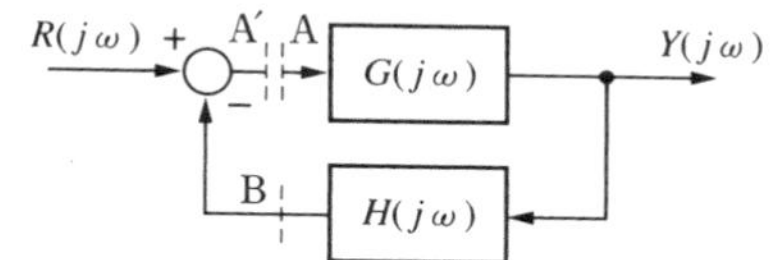

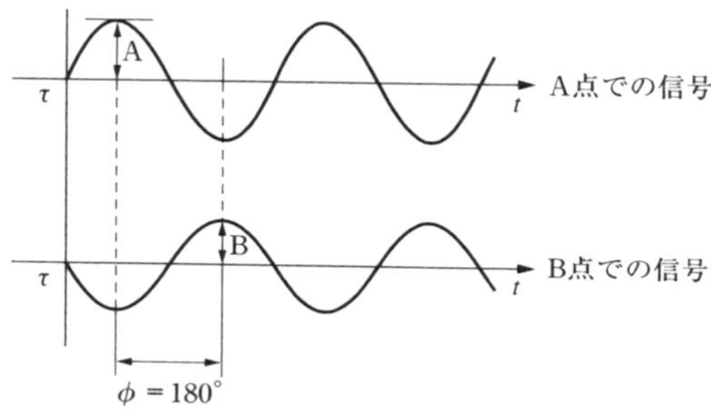

図 6・7　安定限界

図式解法で安定判別を行う基準について説明する．そのためには，**図 6・7** に示す加え合わせ点後の信号を点 A の箇所でループを切断し，一巡周波数伝達関数 $G(j\omega)H(j\omega)$ の状態を考える．入力側の点 A に周波数入力 $A\sin\omega t$ を印加すると，出力側の点 B には，$B\sin(\omega t+\phi)$ が出力されるものとする．点 A′ では $-B\sin(\omega t+\phi)$ となり，$\phi=-180^\circ$ とすると点 A′ での信号は，$B\sin\omega t$ となる．ここで，$A=B$ とし，切断した部分を閉じることでループ内の信号は，入力時と同じ信号になり，ループ内を繰り返し伝達する．このような状態になることを**安定限界**という．式で表すと

$$G(j\omega)H(j\omega)=1\cdot e^{-j\phi}=-1$$

となり，

$$1+G(j\omega)H(j\omega)=0 \qquad (6\cdot16)$$

と書き直せる．また，$A>B$ ならば，信号はループを一巡するごとに振幅が減衰し，ある時間になると最終的に消滅する．このような状態になることを**安定**という．逆に，$A<B$ ならば，信号はループを一巡するごとに振幅が増幅され，**不安定**な状態になる．よって，安定限界を境にして，ゲイン曲線と位相曲線から**ゲイン余裕** g_m（gain margin）と**位相余裕** ϕ_m（phase margin）を得ることで安定判別を行うことができる．余裕は「余有」という字を用いる場合もある．ゲイン余裕とは，一巡周波数伝達関数の位相差が -180° となるときの周波数（位相交点という）に対して，ゲイン 1（0 dB）からどれほどの余裕を有しているかを示す値である．また，位相余裕とは，一巡周波数伝達関数のゲインが 1（0 dB）となるときの周波数（ゲイン交点という）に対して，位相 -180° からどれほどの余裕をもっているかを示す値である．

(1)　ベクトル軌跡による安定判別

一巡周波数伝達関数 $G(j\omega)H(j\omega)$ のゲイン $|G(j\omega)H(j\omega)|$ および位相差 $\angle G(j\omega)H(j\omega)$ を各 ω に対して求め，s 平面上に ω をパラメータとしてベクトル軌跡を描く．**図 6•8** に示すように，求められたベクトル軌跡からゲイン余裕および位相余裕はそれぞれ求められる．システムが安定になるためのゲイン余裕および位相余裕の大きさは，応答の良さを決める調査結果から

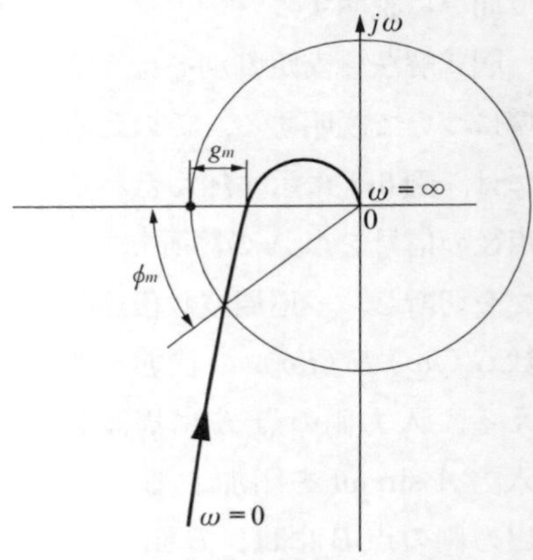

図 6•8　ベクトル軌跡のゲイン余裕 g_m と位相余裕 ϕ_m

プロセス制御：ゲイン余裕 約 1.4（3 dB）以上，位相余裕 20° 以上

サーボ機構：ゲイン余裕 約 4.0（12 dB）以上，位相余裕 40° 以上

としている．一般的に，余裕の値が大きいほどシステムの安定性は良くなる．しかしその反面，応答性は悪くなる．

このように，ゲイン余裕および位相余裕は安定性についてだけでなく，システムの応答性を指定する重要な値である．

このベクトル軌跡から簡易的に安定判別ができる方法がある．それは，軌跡が常に -1 の点を左に見ながら進み，そして原点へ収束するならばシステムは安定になる．このような安定判別方法を**ナイキストの安定判別法**という．厳密には，もっと複雑な定理として与えられる．

> **例題 6•4**　一巡伝達関数 $G(s)H(s)$ が以下のように与えられるシステムの安定判別をナイキストの方法より吟味せよ．
>
> $$G(s)H(s) = \frac{50}{s(1+s)(1+2s)(1+5s)}$$

（解）

積分要素 $1/s$ のゲインは $1/\omega$，位相は ω に無関係に $-90°$ の一定値をとる．また，一

次遅れ要素のゲインは $1/\sqrt{1+(\omega T)^2}$，位相差は $-\tan^{-1}(\omega T)$ であることから，与えられた一巡伝達関数のゲインは $\omega=0$ で∞，位相差は $-90°$ となる．したがって，ベクトル軌跡は $-j\infty$ から出発し，ω の増加とともにゲインは減少し，位相差は増加する．また，$\omega\to\infty$ ではゲインが0，位相差が $-360°$ となる．**表6・1** はベクトル軌跡が実軸を切る位相差 $-180°$ 近辺の ω に対するゲインと位相差である．また，ベクトル軌跡の概略図は**図6・9** のようになり，位相差が $-180°$ を前後するときの ω の値は1と1.5の間に存在することがわかる．よって，そのときの一巡伝達関数ゲインは3.16と1.48である．ゲインの大きさは1を越えることになり，軌跡は実軸上の -1 の点を右にみながら進むことになる．以上の結果から，システムは不安定であると判別できる．

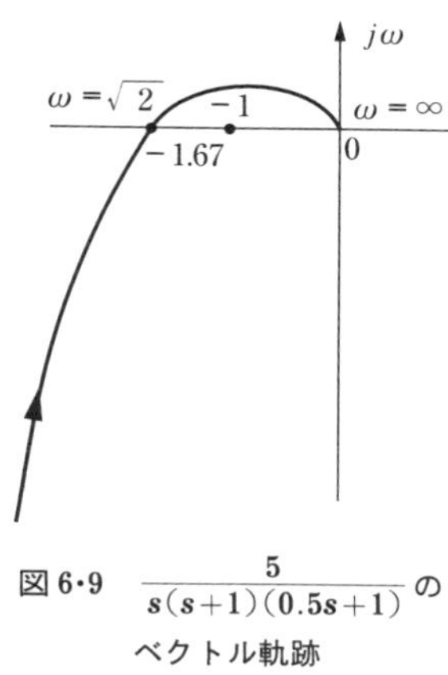

図6・9　$\dfrac{5}{s(s+1)(0.5s+1)}$ のベクトル軌跡

表6・1　$\dfrac{5}{s(s+1)(0.5s+1)}$ の位相差 $-180°$ となる付近のゲイン，位相差

ω		0	0.5	1	1.5	2
$\dfrac{1}{s}$	ゲイン	∞	2	1	0.667	0.5
	位相差	$-90°$	$-90°$	$-90°$	$-90°$	$-90°$
$\dfrac{1}{s+1}$	ゲイン	1	0.894	0.707	0.555	0.447
	位相差	$0°$	$-26.6°$	$-45.0°$	$-56.3°$	$-63.4°$
$\dfrac{1}{0.5s+1}$	ゲイン	1	0.970	0.894	0.8	0.707
	位相差	$0°$	$-14.0°$	$-26.6°$	$-36.9°$	$-45.0°$
$G(s)H(s)$	ゲイン	∞	8.67	3.16	1.48	0.790
	位相差	$-90°$	$-130.6°$	$-161.6°$	$-183.2°$	$-198.4°$

(2)　ボード線図による安定判別

図6・10 に示すようなボード線図のゲイン曲線および位相曲線よりゲイン余裕 g_m と位相余裕 ϕ_m をそれぞれ求める．また，ボード線図の利点は，**図6・11** に示すようにゲイン定数を変えるだけでゲイン曲線のみを上下方向へ平行移動させることができる点である．それに伴いゲイン交点が左右に変化することから，ゲイン余裕および位相余裕の値を調整できる．すなわちボード線図はシス

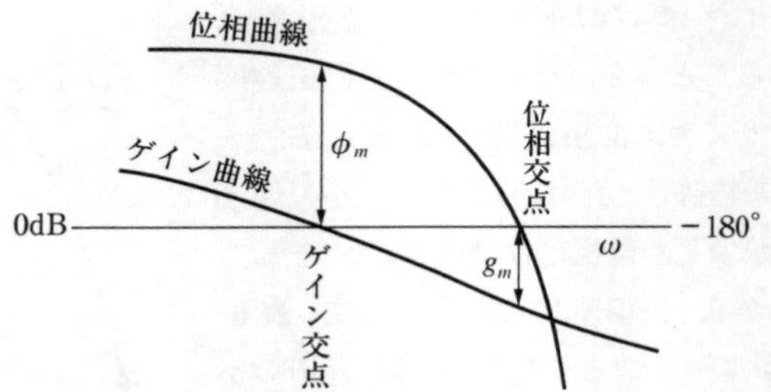

図6·10　ボード線図のゲイン余裕 g_m と位相余裕 ϕ_m

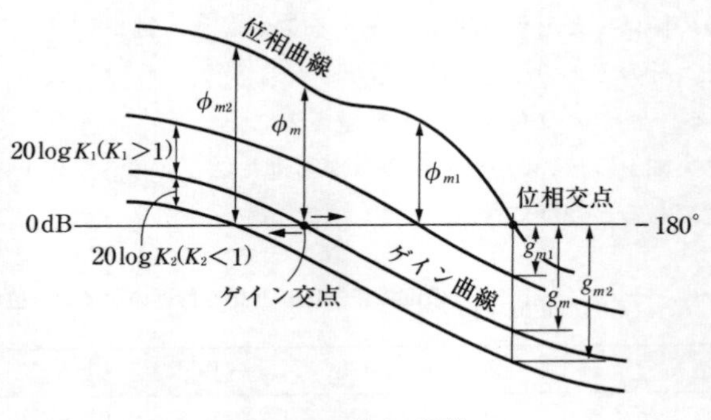

図6·11　ゲイン調整

テムの設計についても簡単に行える性質をもっていることから，制御現場でよく利用する．

例題 6·5　一巡伝達関数 $G(s)H(s)$ が

$$G(s)H(s)=\frac{K}{s(1+2s)(1+0.25s)}$$

で与えられているとき，ゲイン余裕を 5 dB にするときのゲイン定数 K の値を求めよ．

（解）

一巡伝達関数を構成する要素は積分要素，一次遅れ要素の 2 種類である．一次遅れ要素の折点周波数 ω_b は 0.5 と 4(rad/s) である．

ゲイン定数 $K=1$ として，ボード線図を求めると**図6·12**に示すようなゲイン曲線と位相曲線になる．位相交点からゲイン余裕を求めると約 9.5 dB である．題意の 5 dB になるようにするためにはゲイン曲線を上方に 4.5 dB だけ平行移動させる必要がある．よって，求めるゲイン定数 K は

$$20\log_{10}K = 4.5\,\mathrm{dB} \qquad \log_{10}K = 0.225\,\mathrm{dB}$$

$$K = 10^{0.225} \qquad \therefore K \fallingdotseq 1.68$$

となる．

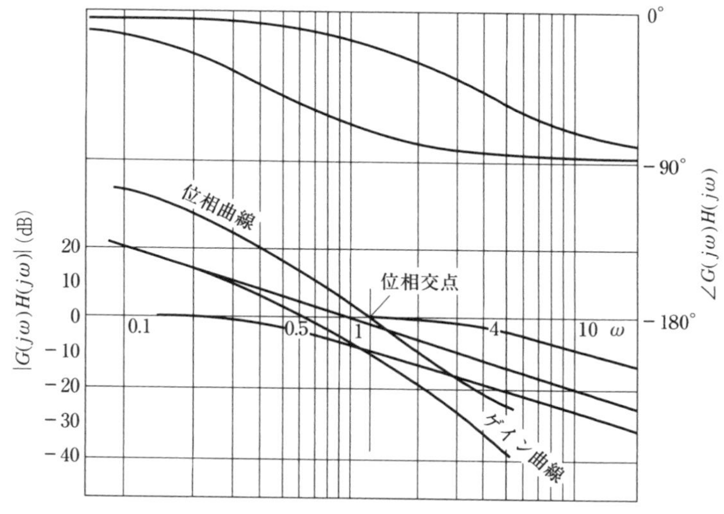

図 6·12 $\dfrac{1}{s(1+2s)(1+0.25s)}$ のゲイン曲線，位相曲線

(3) ゲイン−位相線図による安定判別

ωをパラメータにして得られるゲインと位相差をそれぞれ縦軸および横軸にとり，図示化したものがゲイン−位相線図であった．ただし，縦軸のゲインは dB 単位である．よって，ゲイン余裕および位相余裕は**図 6·13** に示すようにして得る．

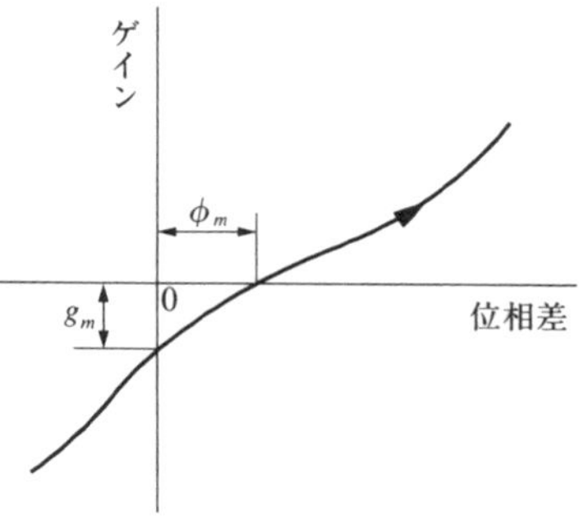

図 6·13 ゲイン−位相曲線のゲイン余裕 g_m と位相余裕 ϕ_m

6 章　練 習 問 題

1. システムの特性方程式が次式で与えられるとき，その安定判別をせよ．

1)　$2s^3+4s^2+5s+13=0$

2)　$s^4+3s^3+11s^2+7s+3=0$

3)　$s^3+13s^2+30s+5=0$

4)　$s^4+s^3+s^2+9s+5=0$

5)　$s^5+s^4+2s^3+2s^2+s+1=0$

6)　$s^5+s^4+10s^3+70s^2+150s+240=0$

2. システムの特性方程式が次式で与えられるとき，システムを安定にするゲイン定数 K の範囲を求めよ．

1)　$s^3+3s^2+2s+(1+K)=0$

2)　$s^3+4s^2+6s+6K=0$

3)　$s^4+s^3+s^2+s+K=0$

4)　$2s^4+s^3+(2+K)s^2+2s+9=0$

5)　$(s+9)s^2+Ks+60=0$

3. 一巡伝達関数が次式で与えられているとき，安定限界となるゲイン定数 K の値を求めよ．

1)　$G(s)H(s)=\dfrac{K(s+2)}{s(s+5)(s^2+5s+10)}$

2)　$G(s)H(s)=\dfrac{K}{s\{s^3+6s^2+10s+(6+K)\}}$

4. **図 6・14** に示すシステムが安定になるためのゲイン定数 K の範囲を求めよ．ただし，むだ時間要素は第一次近似式で近似する．

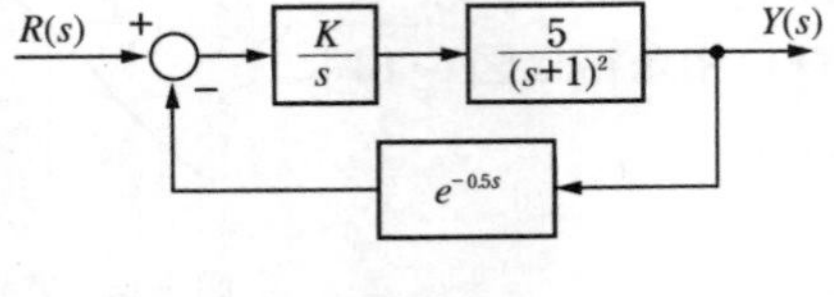

図 6・14

5. **図6･15** に示すシステムが安定になるためのゲイン定数 K を求めよ．

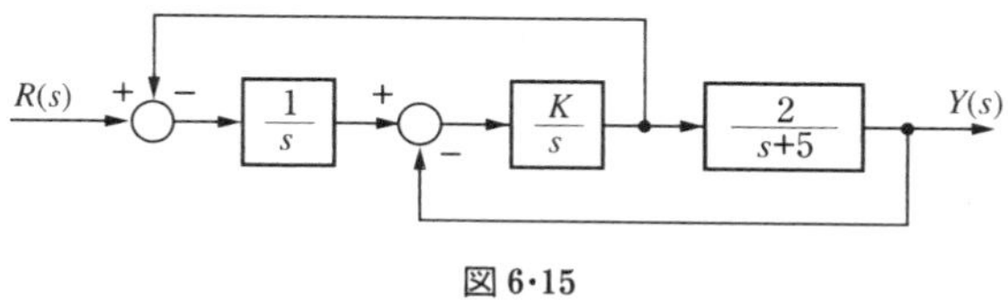

図6･15

6.　次式で与えられる特性方程式の安定判別を行うとともに，不安定であれば不安定根の数を求めよ．

1)　$s^3+3s^2+3s+10=0$

2)　$s^3-5s^2+s+14=0$

3)　$s^4+5s^3+2s^2+4s+3=0$

4)　$s^5+3s^4+6s^3+12s^2+6s+20=0$

7.　**図6･16** (a) に示すシステムの安定判別を行い，同図 (b) では安定にするためのゲイン定数 K の範囲をそれぞれ求めよ．

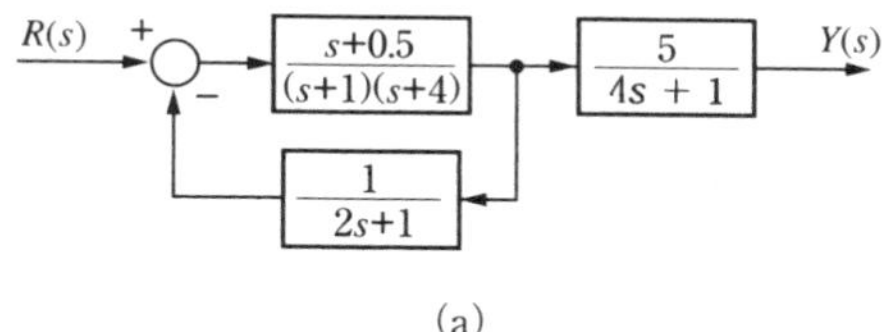

(a)

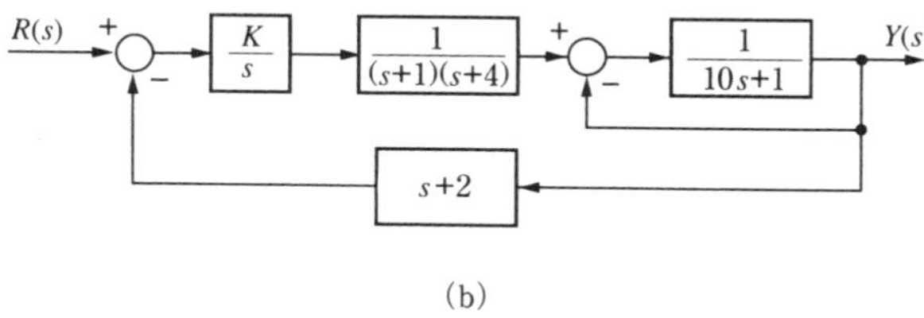

(b)

図6･16

8.　一巡伝達関数が次式で与えられるとき，ナイキストの安定判別法より安定判別をせよ．

1)　$G(s)H(s)=\dfrac{40}{(1+0.1s)(1+0.5s)(1+4s)}$

2)　$G(s)H(s)=\dfrac{20}{s(1+2s)(1+0.5s)}$

9.　一巡伝達関数が次式で与えられるとき，ゲイン余裕を 10 dB にするときのゲイン定数 K を求めよ．

1)　$G(s)H(s)=\dfrac{Ke^{-2s}}{s(1+5s)}$

2)　$G(s)H(s)=\dfrac{K}{s(1+0.4s)(1+2s)(4+s)}$

第7章

根軌跡法

根軌跡法（root locus method）は，1940年にW. R. Evansによって提案された手法である．この手法は**図7・1**に示すフィードバックシステムの一巡伝達関数にゲイン定数Kを掛け，Kの値を0〜∞まで変えたときの応答特性根の変化状態を軌跡として図示化するものである．したがって，前章の図6・2に示したように特性根の分布状態から，システムの安定性や応答の振動状態などを時間的経過とともに知ることのできる特徴をもっている．また，軌跡上の特性根を指定すればそのときのゲイン定数を求めることもできる．

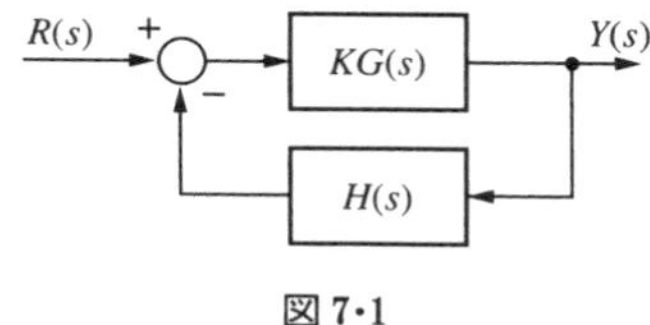

図7・1

特性方程式が2次式までならば簡単に解くことができる．しかし，3次式以上の特性方程式になると直接解くことが困難になる．現在では，パソコンなどの利用から，数値計算より特性根を求める方法がとられている．

図7・1に示すフィードバックシステムの伝達関数は

$$\frac{Y(s)}{R(s)}=\frac{KG(s)}{1+KG(s)H(s)}$$

となり，特性方程式は

$$1+KG(s)H(s)=0$$

となる．根軌跡は，上式の特性方程式でゲイン定数Kを0〜∞に変えたときの特性根をそれぞれ求め，s平面上にプロットすることにより得られる．

例題 7・1 **図 7・2** に示すシステムの根軌跡を求めよ．

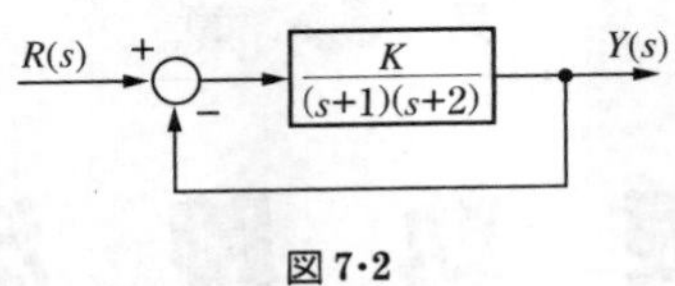

図 7・2

（解）

特性方程式は

$$1+\frac{K}{(s+1)(s+2)}=0$$

$$s^2+3s+2+K=0$$

特性根を s_1，s_2 とすると，2 次方程式の解法より

$$s_1,\ s_2=\frac{-3\pm\sqrt{1-4K}}{2}$$

となる．したがって，ゲイン定数 K を 0 から∞に変えていったときの特性根 s_1，s_2 は，**表 7・1** に示すような結果になる．そのときの根軌跡は**図 7・3** に示すようになる．

図 7・3 の根軌跡よりシステムを解析すると，

1) $K>-2$ ならば，システムは常に安定である．

2) $0\leqq K<0.25$ の範囲内では，特性根が実軸上に存在することから過減衰（$\zeta>1$）の応答状態になる．

3) $K>0.25$ ならば，特性根が共役複素根となり，不足減衰（$0<\zeta<1$）の応答状態になる．

4) $K=0.25$ で臨界減衰（$\zeta=1$）の応答になる．

5) $K>0.25$ で特性根の実数部が変化しないことから，減衰する状態が一定である．

また，K が大きくなるに従って固有周波数 ω_n は増加する．

などが得られる．

一般的に，共役複素数となる特性根 $\lambda=-\sigma+j\omega$ は，根の配置から**図 7・4** に示すように減衰係数 ζ および固有周波数 ω_n との関係を得ることができる．

$$\sigma=\zeta\omega_n \tag{7・1}$$

$$\omega=\omega_n\sqrt{1-\zeta^2} \tag{7・2}$$

となる．また，この値によって以下のような関係式を導くことができる．

$$\omega_n=\frac{\omega}{\sqrt{1-\zeta^2}} \tag{7・3}$$

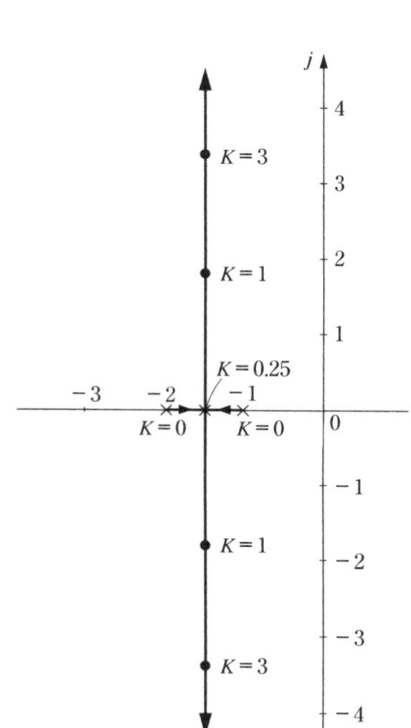

図 7・3 $\dfrac{K}{(s+1)(s+2)}$ の根軌跡

表 7・1 ゲイン定数にともなう特性根

K	s_1	s_2
0	-1	-2
0.25	-1.5	-1.5
1	$\dfrac{-3+j\sqrt{3}}{2}$	$\dfrac{-3-j\sqrt{3}}{2}$
3	$\dfrac{-3+j\sqrt{11}}{2}$	$\dfrac{-3-j\sqrt{11}}{2}$
5	$\dfrac{-3+j\sqrt{19}}{2}$	$\dfrac{-3-j\sqrt{19}}{2}$
⋮	⋮	⋮
∞	$\dfrac{-3+j\infty}{2}$	$\dfrac{-3-j\infty}{2}$

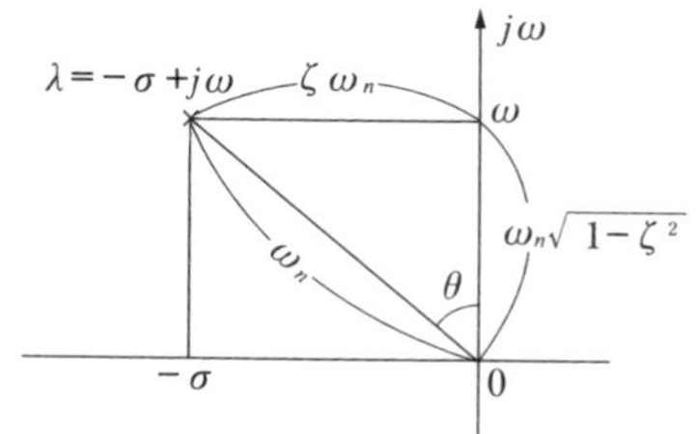

図 7・4 共役複素数の特性根

$$\sigma = \frac{\zeta\omega}{\sqrt{1-\zeta^2}} \tag{7・4}$$

さらに，σ と ω の比より減衰度 α を表す式が得られる．

$$\frac{\sigma}{\omega} = \tan\theta$$

$$= \frac{\zeta}{\sqrt{1-\zeta^2}} = \alpha \tag{7・5}$$

一般的に，システムを設計するにおいて，安定性の良い出力応答を得るには，減衰係数 ζ および減衰度 α をそれぞれ**表 7・2** に示すような経験則から得た基準値がある．

表 7・2 最適とする減衰係数および減衰度

	ζ	α
プロセス制御系	0.2〜0.4	0.2〜0.45 ($12^\circ < \theta < 24^\circ$)
サ ー ボ 機 構	0.6〜0.8	0.75〜1.32 ($37^\circ < \theta < 53^\circ$)

例題 7・2 例題 7・1 のシステムに対して，固有周波数 ω_n が 4 rad/s になるときの減衰係数 ζ および減衰度 α を求めよ．

（解）

式 (7・1) より，$\sigma = \zeta\omega_n$ であることから，$\sigma = 1.5\,\mathrm{s}^{-1}$ となる．

よって，

$$\zeta\omega_n = 1.5\,\mathrm{s}^{-1}$$

$$\zeta = \frac{1.5\,\mathrm{s}^{-1}}{\omega_n} = \frac{1.5\,\mathrm{s}^{-1}}{4\,\mathrm{rad/s}}$$

$$= 0.375$$

次に，減衰度は式（7・5）より，次式のように計算できることから

$$\alpha = \frac{\zeta}{\sqrt{1-\zeta^2}}$$

$$= \frac{0.375}{\sqrt{1-0.375^2}}$$

$$\fallingdotseq 0.4$$

となる．

特性方程式を直接解かなくても，根軌跡の概略図を得ることができる．その方法は一巡伝達関数から根軌跡の主要な性質を利用することにより，概略的に根軌跡を描く手法である．Evans の開発した方法は，まさにこの方法である．

【根軌跡の主要性質】

1） 対称性

根軌跡は，実軸を境にして上下対称になる．

2） 軌跡の始点および終点

軌跡の始点：一巡伝達関数の極 s_p（分母を 0 としたときの解）の値，ある

いは特性方程式で $K=0$ としたときの特性根の値となる．一般的に，×印で表現する．

軌跡の終点：一巡伝達関数の零点 s_z（分子を 0 としたときの解）の値，あるいは特性方程式で $K=\infty$ としたときの特性根の値となる．一般的に，○印で表現する．

3) 軌跡の漸近線

(1) 漸近線の本数

$$=p-z \tag{7・6}$$

ただし，p は極の数，z は零点の数である．

(2) 漸近線の交点

$$=\frac{\Sigma s_{pi}-\Sigma s_{zi}}{p-z} \tag{7・7}$$

(3) 漸近線の角度

$$=\frac{(2n-1)\times 180^\circ}{p-z} \tag{7・8}$$

ただし，漸近線の本数だけ $n=0$, 1, 2, ……として求める．

4) 実軸上の軌跡

実軸上に存在する極および零点に対し，一つの注目点から右側に存在する極 s_p と零点 s_z の数を調べる．その数が奇数個であれば，その注目点とその右側の点は軌跡になる．偶数であれば軌跡にならない．

5) 実軸上での分岐点

特性方程式 $1+KG(s)H(s)=0$ より，ゲイン定数 K に関する式 $K(s)$ に書き直し，以下の条件を満たすときの解を求める．ただし，解が複数個存在するときは，4) の条件との兼ね合いから分岐点を決める．

$$\frac{dK(s)}{ds}=0 \tag{7・9}$$

6) 虚軸との交点

特性方程式より安定限界になるときのゲイン定数 K をラウスあるいはフルヴィッツの安定判別法より求める．求めた K を特性方程式に代入するとともに，$s=j\omega$ を代入し，実数部が

$$\mathrm{Re}\ [G(j\omega)H(j\omega)] = 0 \tag{7・10}$$

を満たすときの周波数ωを求める．求めたωの値が虚軸と軌跡の交点になる．

例題 7・3 図 7・5 で示すシステムの根軌跡となる概略図を求めよ．

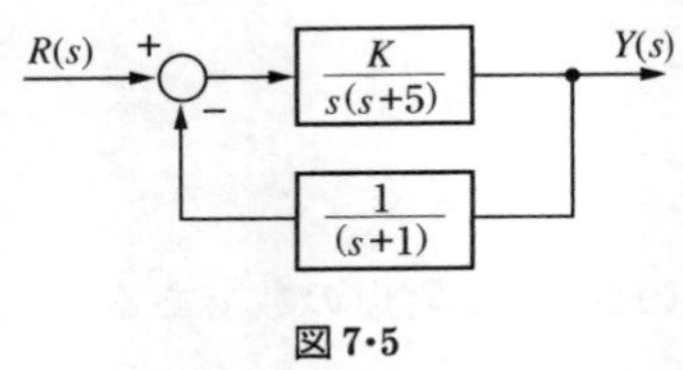

図 7・5

（解）

一巡伝達関数 $G(s)H(s)$ は

$$G(s)H(s) = \frac{K}{s(s+1)(s+5)}$$

となる．

1）軌跡の始点および終点（図 7・6 (a)）

軌跡の始点：極は $s_1 = 0$，$s_2 = -1$，$s_3 = -5$ の 3 個

軌跡の終点：零点はなし

2）軌跡の漸近線（図 7・6 (b)）

（1）漸近線の本数：$p - z = 3$

（2）漸近線の交点：

$$\frac{\Sigma s_{pi} - \Sigma s_{zi}}{p - z} = \frac{0-1-5}{3} = -2$$

（3）漸近線の角度

漸近線の本数が 3 本より

$n = 0$ のとき $-60°$

$n = 1$ のとき $60°$

$n = 2$ のとき $180°$

となる．

3）実軸上の軌跡（図 7・6 (c)）

(a) 注目点を始点の 0 にとると，右側には極および零点はないので 0 から右方向は軌跡にならない．

(b)　注目点を始点の -1 にとると，右側には極 0 の点が一つ存在する．よって，始点 0 と -1 の間は軌跡になる．

(c)　注目点を始点の -5 にとると，右側には極 0，-1 の点が 2 つ存在している．よって，-5 と -1 の間は軌跡にならない．

4)　実軸上の分岐点（**図 7･6**（d））

特性方程式は

$$s^3+6s^2+5s+K=0$$

となることから，K に関する式に直すと

$$K=-(s^3+6s^2+5s)$$

となり，s に関して微分する．

$$\frac{dK(s)}{ds}=-(3s^2+12s+5)$$

$$3s^2+12s+5=0$$

とおき，解を求めると

$$s_1,\ s_2=\frac{-6\pm\sqrt{21}}{3}\fallingdotseq -0.47,\ 3.53$$

となる．よって，-1 と 0 の始点間で軌跡が分岐することから -0.47 を採用する．

5)　虚軸との交点（**図 7･6**（d））

特性方程式より，フルヴィッツの行列式を用いて安定限界になるときのゲイン定数 K を求める．

$$\begin{vmatrix} 6 & K \\ 1 & 5 \end{vmatrix}=30-K=0$$

$$\therefore\ K=30$$

このゲイン定数と $s=j\omega$ を特性方程式に代入し，実数部になる式を 0 とおく．

$$-6\omega^2+30=0$$

$$\therefore\ \omega=\pm 2.24$$

以上の結果より，根軌跡の概略図は**図 7･6**（e）のように示すことができる．

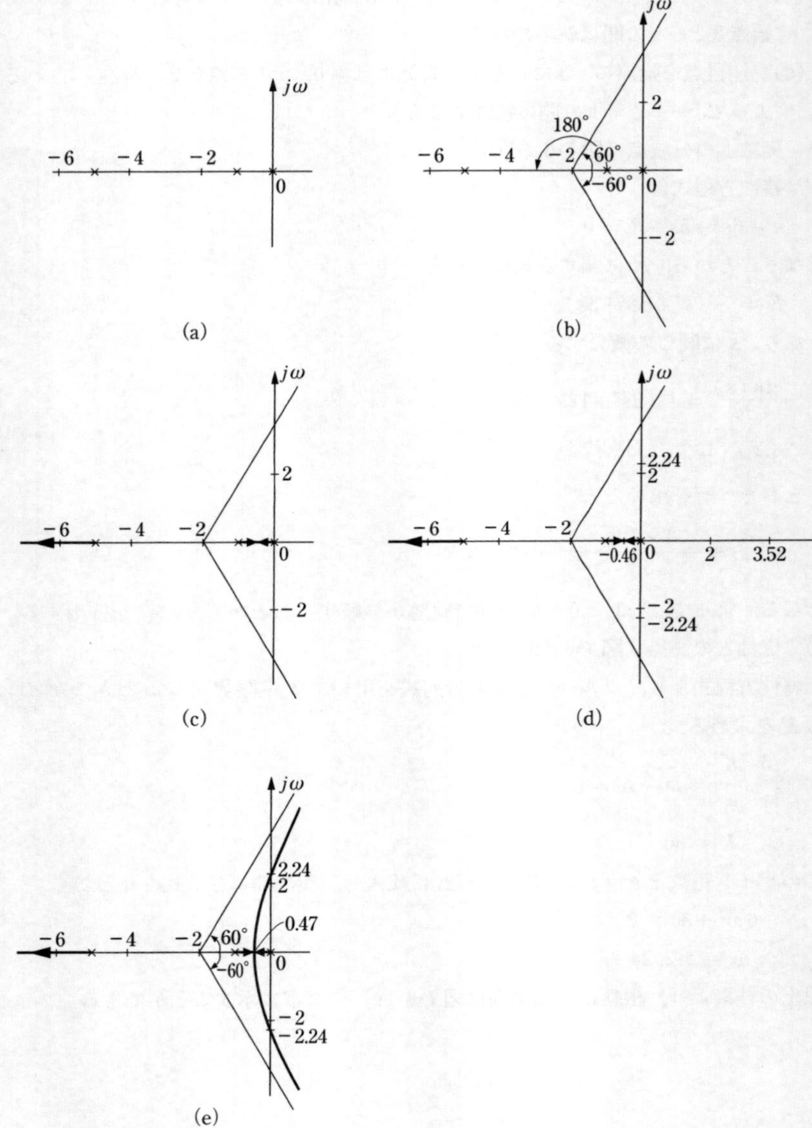

図 7·6　例題 7·3 の根軌跡

例題 7·4　一巡伝達関数 $G(s)H(s)$ が

$$G(s)H(s)=\frac{K}{s(s^2+s+2)}$$

で与えられる根軌跡の概略図を求めよ.

(解)

1)　軌跡の始点および終点（**図 7·7**（a））

軌跡の始点：$s(s^2+s+2)=0$ より，極は 3 個存在する.

$$s_1=0,\ s_2,\ s_3=\frac{-1\pm j\sqrt{7}}{2}=-0.5\pm j1.32$$

軌跡の終点：零点はなし

2)　軌跡の漸近線（**図 7·7**（b））

（1）　漸近線の本数：$p-z=3$

（2）　漸近線の交点：

$$\frac{\Sigma s_{pi}-\Sigma s_{zi}}{p-z}=\frac{0+\dfrac{-1+j\sqrt{7}}{2}+\dfrac{-1-j\sqrt{7}}{2}}{3}=-\frac{1}{3}$$

（3）　漸近線の角度：

$n=0$ のとき $-60°$

$n=1$ のとき $60°$

$n=2$ のとき $180°$

3)　実軸上の軌跡（**図 7·7**（c））

実軸上には始点の 0 の値しかない．よって，漸近線の角度が 180° であることより，原点に存在する始点は $-\infty$ 方向へ行く軌跡になる.

4)　虚軸との交点（**図 7·7**（c））

特性方程式は $s(s^2+s+2)+K=0$ より，

$s^3+s^2+2s+K=0$

フルヴィッツ行列式より

$$\begin{vmatrix}1 & K\\ 1 & 2\end{vmatrix}=2-K$$

安定限界になるゲイン定数 K は

$K=2$

となる．この値と $s=j\omega$ を特性方程式に代入し，実数部に注目する．よって，

番号	次数	一巡伝達関数	根軌跡	番号	次数	一巡伝達関数	根軌跡
1	$\frac{0}{1}$	$\frac{K}{1+Ts}$	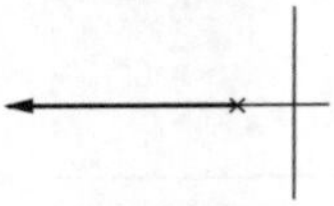	9	$\frac{1}{2}$	$\frac{K(1+Ts)}{s^2+2\zeta\omega_n s+\omega_n^2}$ $\zeta<1$	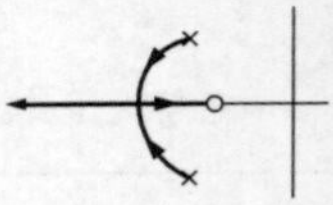
2	$\frac{1}{1}$	$K\frac{1+T_2s}{1+T_1s}$ $T_2>T_1$	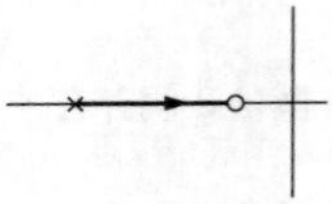	10	$\frac{0}{3}$	$\frac{K}{(1+T_1s)(1+T_2s)(1+T_3s)}$	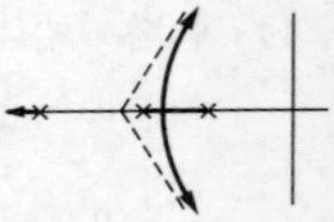
3	$\frac{0}{2}$	$\frac{K}{(1+T_1s)(1+T_2s)}$	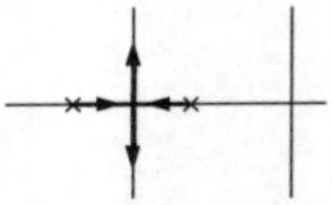	11	$\frac{0}{3}$	$\frac{K}{s(1+T_1s)(1+T_2s)}$	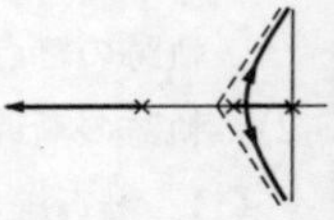
4	$\frac{0}{2}$	$\frac{K}{(1+Ts)^2}$	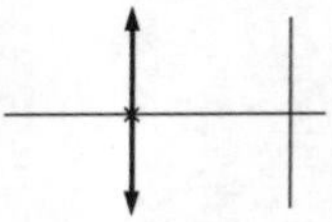	12	$\frac{0}{3}$	$\frac{K}{s(1+Ts)^2}$	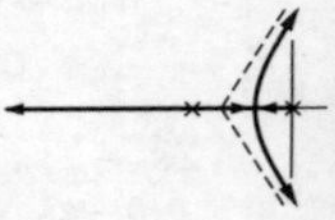
5	$\frac{0}{2}$	$\frac{K}{s^2+2\zeta\omega_n s+\omega_n^2}$ $\zeta<1$	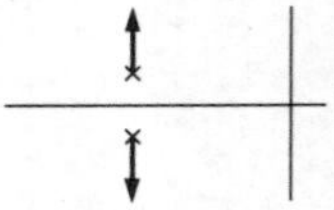	13	$\frac{0}{3}$	$\frac{K}{(1+Ts)^3}$	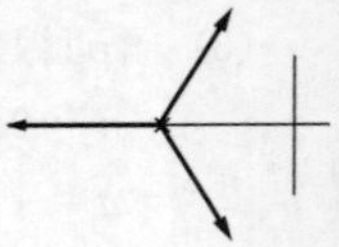
6	$\frac{1}{2}$	$\frac{K(1+T_3s)}{(1+T_1s)(1+T_2s)}$ $T_1>T_3,\ T_2>T_3$	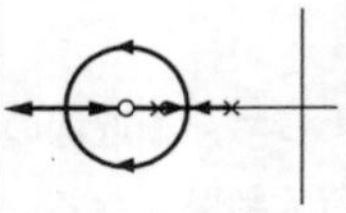	14	$\frac{0}{3}$	$\frac{K}{s(s^2+2\zeta\omega_n s+\omega_n^2)}$ $1>\zeta>\sqrt{3}/2$	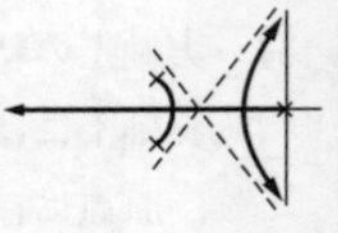
7	$\frac{1}{2}$	同 $T_1>T_3>T_2$	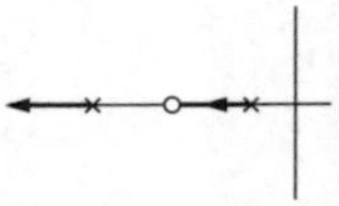	15	$\frac{0}{3}$	同 $\zeta=\sqrt{3}/2$	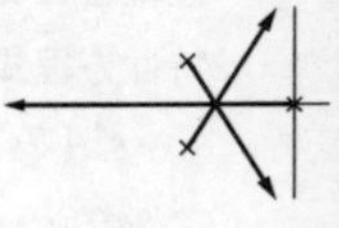
8	$\frac{1}{2}$	同 $T_3>T_1,\ T_3>T_2$	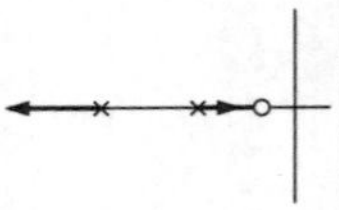	16	$\frac{0}{3}$	同 $\zeta<\sqrt{3}/2$	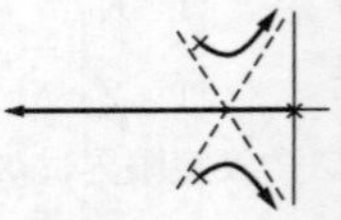

図 7・8　1～4 次系の

番号	次数	一巡伝達関数	根軌跡	番号	次数	一巡伝達関数	根軌跡
17	$\frac{1}{3}$	$\frac{K(1+T_4s)}{(1+T_1s)(1+T_2s)(1+T_3s)}$ $T_1>T_2>T_3>T_4$	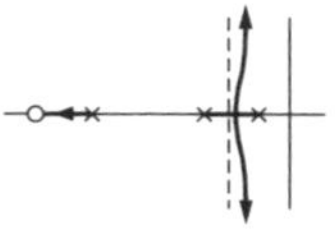	25	$\frac{2}{3}$	$\frac{K(1+T_2s)(1+T_3s)}{(1+T_1s)^3}$ $T_1>T_2>T_3$	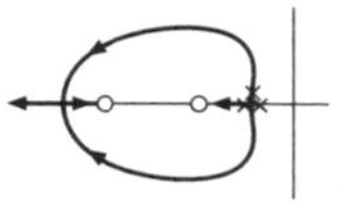
18	$\frac{1}{3}$	同 $T_1>T_2>T_3>T_4$	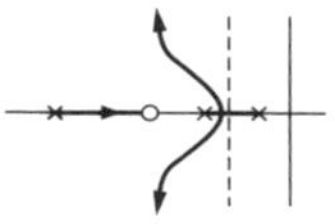	26	$\frac{2}{3}$	$\frac{K(1+T_3s)(1+T_4s)}{s(1+T_1s)(1+T_2s)}$ $T_1>T_3>T_2>T_4$	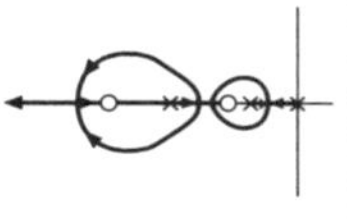
19	$\frac{1}{3}$	同 $T_1>T_3>T_4>T_3$	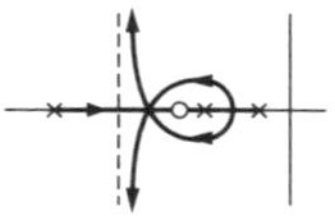	27	$\frac{2}{3}$	同 $T_1>T_3>T_2>T_4$	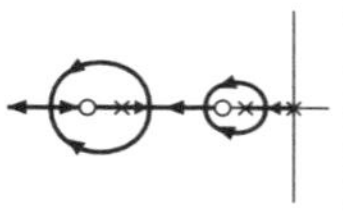
20	$\frac{1}{3}$	同 $T_1>T_4>T_3>T_2$	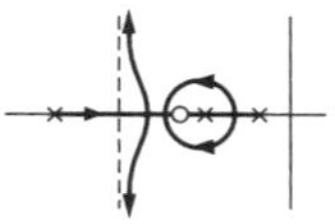	28	$\frac{2}{3}$	同 $T_1>T_3>T_2>T_4$	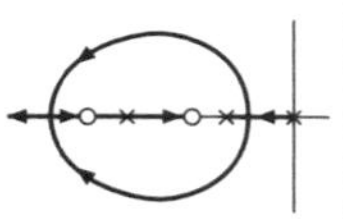
21	$\frac{1}{3}$	同 $T_1>T_4>T_2>T_3$	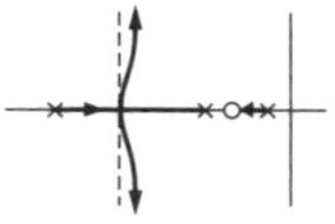	29	$\frac{0}{4}$	$\frac{K}{(1+T_1s)(1+T_2s)(1+T_3s)(1+T_4s)}$	
22	$\frac{1}{3}$	同 $T_4>T_1>T_2>T_3$		30	$\frac{0}{4}$	$\frac{K}{(1+T_1s)(1+T_2s)(s^2+2\zeta\omega_ns+\omega_n{}^2)}$ $1/(\zeta\omega_n)>T_1>T_2,\ \zeta<1$	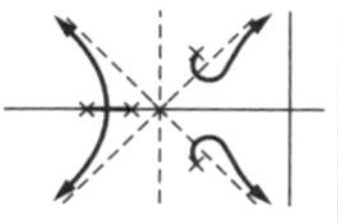
23	$\frac{2}{3}$	$\frac{K(1+T_4s)(1+T_5s)}{(1+T_1s)(1+T_2s)(1+T_3s)}$ $T_1>T_4>T_2>T_3>T_5$	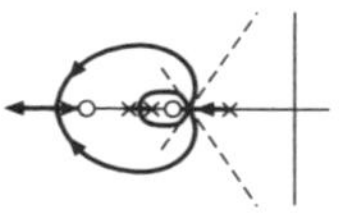	31	$\frac{0}{4}$	同 $\zeta\omega_n=\frac{1}{2}\left(\frac{1}{T_1}+\frac{1}{T_2}\right),\ \zeta<1$	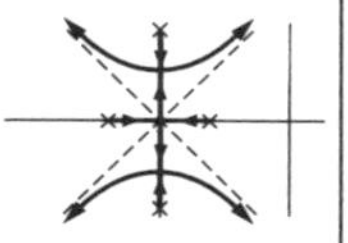
24	$\frac{2}{3}$	同 $T_1>T_4>T_2>T_3>T_5$	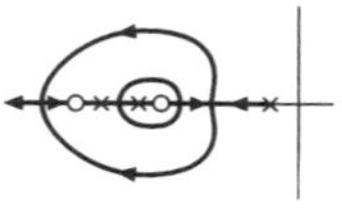	32	$\frac{0}{4}$	$\frac{K}{\left\{\begin{matrix}(s^2+2\zeta_1\omega_{n1}s+\omega_{n1}{}^2)\times\\(s^2+2\zeta_2\omega_{n2}s+\omega_{n2}{}^2)\end{matrix}\right\}}$ $\zeta_1<1,\ \zeta_2<1$	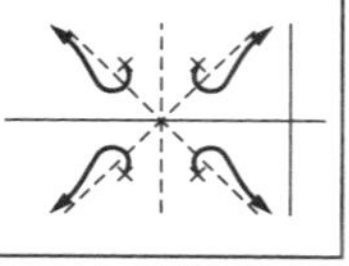

主な根軌跡

$$-\omega^2+2=0$$

$$\omega=\pm\sqrt{2}\fallingdotseq\pm1.41$$

以上の結果を基に軌跡の概略図を描くと**図 7·7**（d）のようになる．

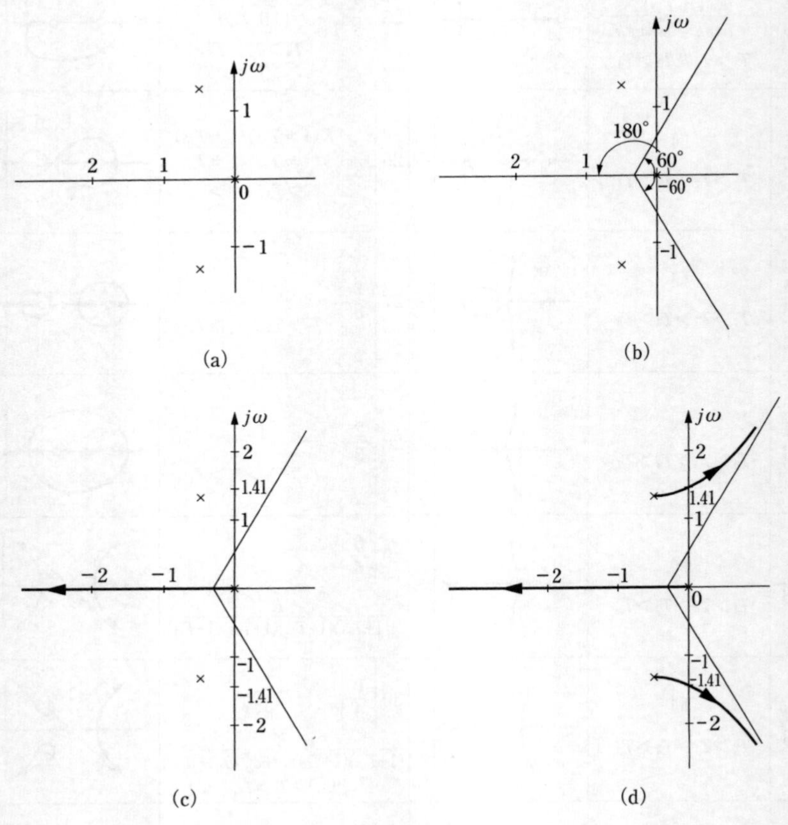

図 7·7　例題 7·4 の根軌跡

一巡伝達関数から概略的に根軌跡を描くには，与えられた一巡伝達関数の状態から軌跡の形状がわかると非常に描きやすくなる．**図 7·8** はそれぞれの一巡伝達関数に対する根軌跡の外形的な形状を示した図である．

例題 7・5　一巡伝達関数 $G(s)H(s)$ が

$$G(s)H(s)=\frac{K(s+2)}{(s+0.5)(s+1)}$$

で与えられる根軌跡の概略図を求めよ.

（解）

1）軌跡の始点および終点（**図 7・9**（a））

軌跡の始点：極の値は

$$s_1=-0.5,\quad s_2=-1$$

の 2 個である.

軌跡の終点：零点は−2 の 1 個となる.

2）軌跡の漸近線

（1）漸近線の本数：$p-z=1$

（2）漸近線の交点（出発点）

$$\frac{\Sigma s_{pi}-\Sigma s_{zi}}{p-z}=\frac{-0.5-1+2}{2-1}=0.5$$

（3）漸近線の角度：

$n=0$ のとき $-180°$

3）実軸上の軌跡（**図 7・9**（b））

実軸上には始点の−0.5 と−1，そして終点となる零点の−2 の計 3 個存在する. 今，注目点に−1 をとると右側にはもう一つの始点−0.5 がある. よって，−1 と−0.5 の間は軌跡を形成することになる. 次の零点の−2 を注目点にすると，右側には偶数個が存在することになることから，−2 と−1 の間は軌跡にならない.

4）実軸上の分岐点（**図 7・9**（c））

特性方程式を求めると

$$s^2+1.5s+0.5+K(s+2)=0$$

となることから，K に関する式を求める.

$$K=-\frac{s^2+1.5s+0.5}{s+2}$$

$$\frac{dK(s)}{ds}=-\frac{s^2+4s+2.5}{(s+2)^2}=0$$

より

$$s^2+4s+2.5=0$$

$s_1, s_2 = -2 \pm \sqrt{1.5} \fallingdotseq -0.775, -3.23$

を得る.

5）虚軸との交点

特性方程式は$s^2+(1.5+K)s+2K+0.5=0$となり，ゲイン定数$K>0$であれば常に安定である．よって，特性根はs平面の左側に存在することから，虚軸上との交点は存在しない.

以上の結果と図7•8のNo. 6より，求める根軌跡は図7•9（d）のようになる．ただし，実軸上の交点が−0. 775と−3. 23であることから，その間の約−2に中心点をもつ半径1. 23の円を形成する軌跡となる．したがって，軌跡の始点となる−0. 5と−2. 0から出た軌跡は−0. 775で互いに分岐し，上下に分かれ円軌道を描くことになる．その後，上下の半円軌跡から再び−3. 23で合流し，その内の1本は終点の−2へ進み，他の軌跡は漸近線の−180° に沿って−∞へと進む軌跡になる.

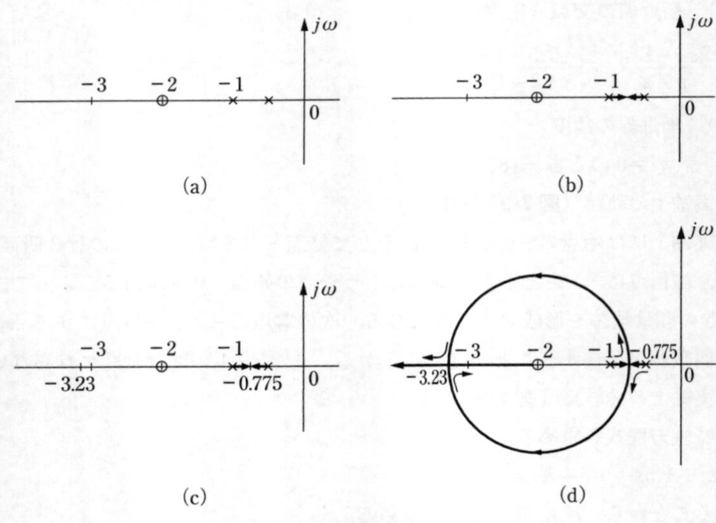

図7•9　例題7•5の根軌跡

7章 練習問題

1. 直接フィードバックシステムの前向き要素 $G(s)$ が

$$G(s)=\frac{K}{s+1}$$

で与えられるとき，次の問に答えよ.

1) 根軌跡を求めよ.

2) ゲイン定数が $K=6$ としたとき，フィードバックシステムの時定数を求めよ. また，そのときの単位ステップ応答を求めよ.

2. 一巡伝達関数が次式で与えられるとき，根軌跡の概略図を求めよ.

1) $G(s)H(s)=\dfrac{K}{(s+0.5)(s+1)}$

2) $G(s)H(s)=\dfrac{K}{s(2s+1)}$

3) $G(s)H(s)=\dfrac{K}{s(s^2+s+2)}$

4) $G(s)H(s)=\dfrac{K(s+1)}{(s+2)(s^2+2s+2)}$

5) $G(s)H(s)=\dfrac{K}{(5s+1)(s^2+0.8s+1)}$

3. 一巡伝達関数が

$$G(s)H(s)=\frac{K}{s(s+4)}$$

で与えられるシステムの根軌跡を求めるとともに，固有周波数 ω_n が 5 (rad/s) にするときの減衰係数 ζ および減衰度 α をそれぞれ求めよ.

4. 直接フィードバックシステムでの前向き要素の伝達関数 $G(s)$ が

$$G(s)=\frac{K}{s(s^2+10s+20)}$$

で与えられているとき，次の各問に答えよ.

1)　安定限界になるときのゲイン定数 K を求めよ.

2)　根軌跡の概略図を求めよ.

3)　減衰係数 $\zeta = 0.5$ になるときのゲイン係数 K を求めよ.

4)　そのときの閉ループ伝達関数を求めよ.

5.　前向き要素の伝達関数が

$$G(s)=\frac{K}{s(s^2+3s+3)}$$

で与えられる直接フィードバックシステムの根軌跡と安定な範囲のゲイン定数 K を求めよ.

6.　一巡伝達関数が

$$G(s)H(s)=\frac{K}{s(s+2)(s+4)}$$

として与えられているとき，閉ループシステムの代表根の減衰係数 ζ が 0.8 になるときのゲイン定数 K を根軌跡から求めよ.

第8章

フィードバックシステムの設計

一般的なシステムは，**図8･1**に示すようなブロック線図を構成する．しかしこれまでは，制御装置から制御対象までを入出力信号の関係から一つにまとめた伝達関数系として表現し，フィードバックシステムの特性などについて**解析**（analysis）を行ってきた．この章では，システムが要求される速応性，安定性，そして制御精度などの特性を持たせるに必要な方法，すなわちシステムの計画・設計について述べる．このような方法を前者のアナリシスに対して，**シンセシス**（synthesis）と呼ぶ．

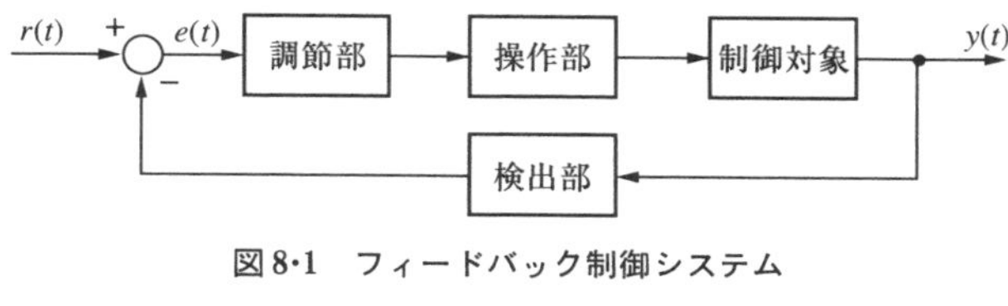

図8･1　フィードバック制御システム

8･1　フィードバックシステムの性能評価

システムを設計するには，システムが満たすべき特性を定量的に表現する必要がある．その評価の対象となる特性には，システムの速応性，安定性，定常特性，そして周波数特性などをあげることができる．これらの特性は単独で成り立つものではなく，互いに影響し合う性質がある．

1)　速応性：第5章でも説明したように，システムの過渡応答に関する反応の速さを表す尺度である．速応性を表現する具体的な物理量には，応答の立ち上がり時間，行き過ぎ時間，遅れ時間，整定時間そしてむだ時間などの値が該当する．

2)　安定性：目標値や外乱などの印加にともない，出力の変動状態が時間の経過とともに，如何に速く消失するかといった安定の程度を表す性能評価の尺度である．その尺度になる物理量には，行き過ぎ時間，立ち上がり時間，行き過ぎ量，そして減衰率などをあげることができる．

3)　定常特性：目標値の印加によって得られるシステムの応答が過渡応答から定常応答に移るとき，定常状態に達した最終値と目標値との差で定常偏差となる．この定常偏差は応答の精度を表す尺度である．

4)　周波数特性：周波数応答の特性表現には，開ループ周波数特性と閉ループ周波数特性がある．前者は第**4**章**4･3**節と第**6**章で，そして後者は第**5**章**5･4**節ですでに述べた．周波数特性の尺度になる項目は，

a)　ゲイン余裕g_m，位相余裕ϕ_m

表8･1　開ループ周波数特性

	ゲイン余裕 g_m	位相余裕 ϕ_m
プロセス制御系	3 dB以上	20° 以上
サーボ機構	12 dB以上	40° 以上

b)　しゃ断周波数ω_b

c)　共振周波数ω_p，共振値M_p

表8･2　閉ループ周波数特性

	共振値 M_p
プロセス制御系	2.0
サーボ機構	1.2～1.5
自動調整	1.5

などの値があり，最適な応答状態を得るためのそれぞれの値をまとめてある．中でも，ゲイン余裕，位相余裕，そして共振値は減衰特性を表す安定性の尺度

になり，余裕の値が大きいほど安定性を良くする．その反面速応性は悪くなる．また，共振値は小さい方が減衰特性を良くする．しゃ断周波数と共振周波数は速応性の尺度に用いられ，これらの値が大きいほど速応性を良くする．その他では，一次遅れ要素の時定数が速応性を，二次遅れ要素の減衰係数ζが安定性を，そして固有周波数ω_nが速応性をそれぞれ表す尺度となる．

例題 8･1 **図 8･2** に示すシステムをボード線図を描き，ゲイン余裕，位相余裕を求めよ．また，共振周波数ω_pと共振値M_pについても求めよ．

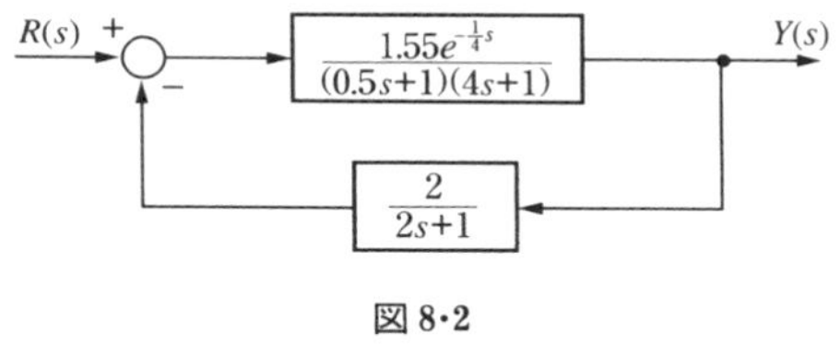

図 8･2

（解）

一巡伝達関数$G(s)H(s)$は

$$G(s)H(s)=\frac{3.1e^{-0.25s}}{(0.5s+1)(4s+1)(2s+1)}$$

となり，おのおのの要素に対する折点周波数，むだ時間の逆数をそれぞれ求めると$\omega_{b1}=2(\mathrm{rad/s})$，$\omega_{b2}=0.25(\mathrm{rad/s})$，$\omega_{b3}=0.5(\mathrm{rad/s})$，$1/L=4(1/s)$である．これらの値を基準に一次遅れ要素およびむだ時間要素のゲイン曲線，位相曲線をそれぞれ描き，それぞれについて合成する．ただし，ゲイン定数は$20\log_{10}3.1\fallingdotseq 9.8\,\mathrm{dB}$である．**図 8･3** は合成したゲイン曲線と位相曲線を示し，ゲイン交点が 0.58 (rad/s)，そして位相交点が 0.95 (rad/s) となっている．その結果，ゲイン余裕，位相余裕値は

ゲイン余裕$g_m=$約 8 dB

位相余裕$\phi_m=$約 31°

として求められる．

図 8･3 を**図 8･4** に示すようなニコルズ線図上に表し，閉ループ周波数特性を求める．その結果が**図 8･5** である．よって，図 8･5 より

共振周波数$\omega_p=0.63\,\mathrm{rad/s}$

共振値$M_p=4.7$

となる．

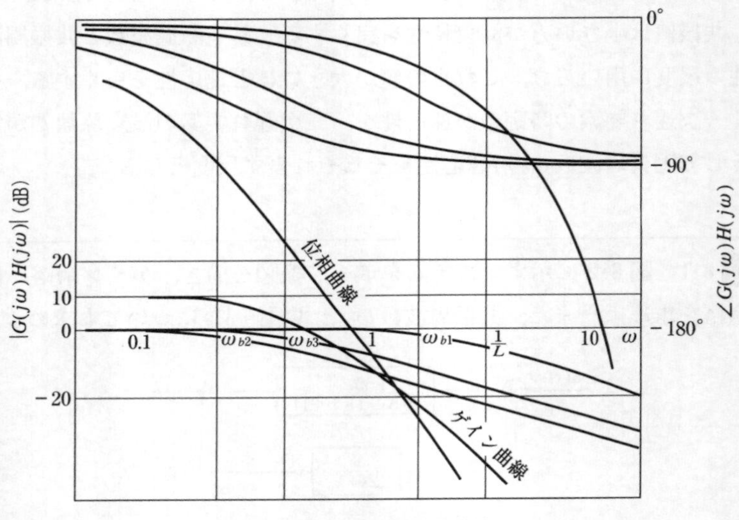

図 8・3　閉ループ周波数特性

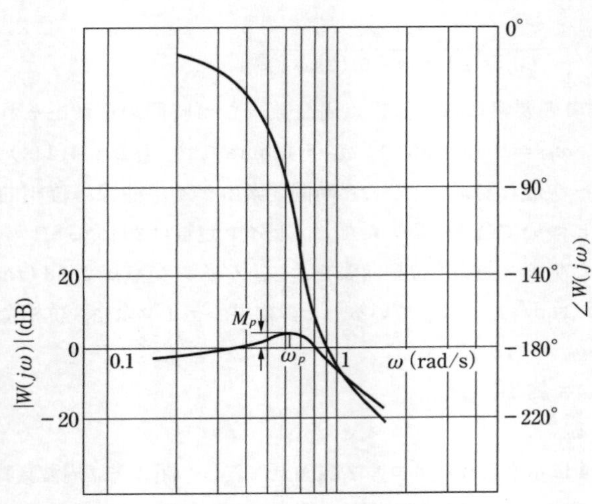

図 8・5　閉ループ周波数特性

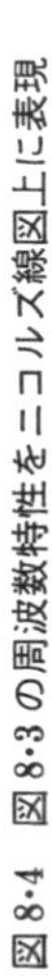

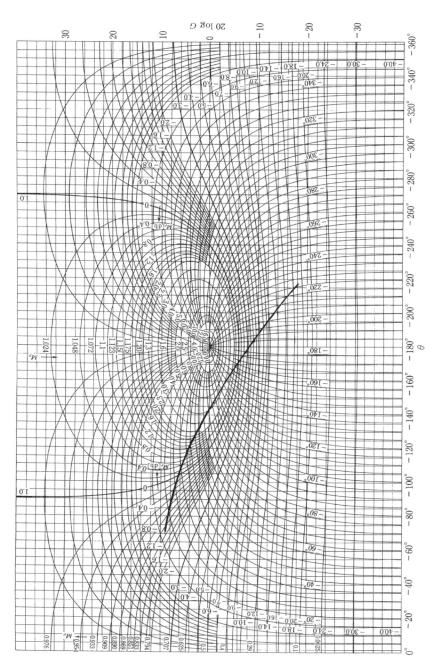

図 8·4 図 8·3 の周波数特性をニコルス線図上に表現

8・2 システムの最適応答

システムを制御するには，最適な制御方法で最適な制御結果を得るように制御する必要がある．これまでに，最適な制御結果を得る制御方法に関しては多くの研究者によって提案されてきた．

システムの最適な応答を得るためのパラメータ調整には過渡応答法と周波数応答法から行う方法がある．

(1) 過渡応答からの最適基準

過渡応答としては，ステップ応答に関するものが多く，以下に示す方法でパラメータ調整を行う．

1) 制御面積法（integral of absolute error : IAE）

図 8・6 に示すブロック線図で**図 8・7** に示すように目標値$r(t)$ にステップ入力を与えたとき，制御量 $y(t)$ と $y(t)$ の最終値 $y(\infty)$ の間に発生する両者の差 $e(t)$ の絶対値をとり，$|y(t)-y(\infty)|$ を最小になるようにパラメータを調整する方法である．

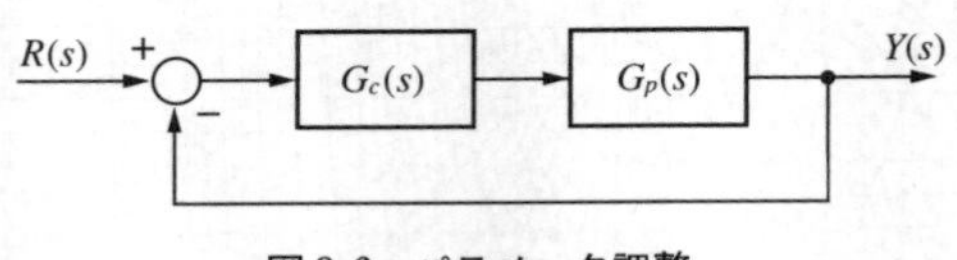

図 8・6 パラメータ調整

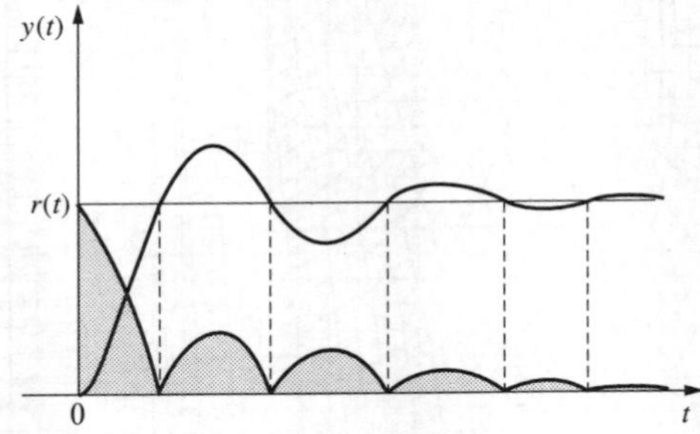

図 8・7 制御面積法

$$S_{\mathrm{IAE}} = \int_0^\infty |e(t)|\,dt = \int_0^\infty |y(t) - y(\infty)|\,dt \tag{8•1}$$

2)　二乗制御面積法（integral of squared error : ISE）

制御面積法で得られる $e(t)$ の絶対値をとる代わりに二乗し，時間軸との間に囲まれる面積部分を最小になるようにパラメータを調整する方法である．

$$S_{\mathrm{ISE}} = \int_0^\infty e(t)^2\,dt = \int_0^\infty \{y(t) - y(\infty)\}^2\,dt \tag{8•2}$$

3)　荷重制御面積法（integral of time multiplied error : ITE）

安定性に良い応答を得るにはできるだけ短時間に出力を整定させる必要がある．そこで，時間 t を重み関数にとり制御面積を最小になるようにパラメータを調整する方法である．

$$S_{\mathrm{ITE}} = \int_0^\infty te(t)\,dt = \int_0^\infty t\{y(t) - y(\infty)\}\,dt \tag{8•3}$$

4)　ITAE 法（integral value of the product of time and absolute of error）

荷重制御面積法での $e(t)$ に関して絶対値をとり，それに時間 t を重み関数として掛け，制御面積を最小にするようにパラメータ調整を行う方法である．

$$S_{\mathrm{ITAE}} = \int_0^\infty t\,|e(t)|\,dt = \int_0^\infty t\,|y(t) - y(\infty)|\,dt \tag{8•4}$$

5)　荷重二乗制御面積法（integral of time multiplied squared error : ITSE）

二乗制御面積法に時間 t を重み関数として掛け，制御面積を最小にするパラメータを決め，最適な応答を得る方法である．

$$S_{\mathrm{ITSE}}=\int_0^{\infty} te^2(t)\,dt$$
$$=\int_0^{\infty} t\{y(t)-y(\infty)\}^2\,dt \tag{8•5}$$

例題 8•2　図 8•8 に示すシステムで応答の減衰係数 ζ が 0.25 となるときのゲイン係数 K と固有周波数 ω_n を求めよ．

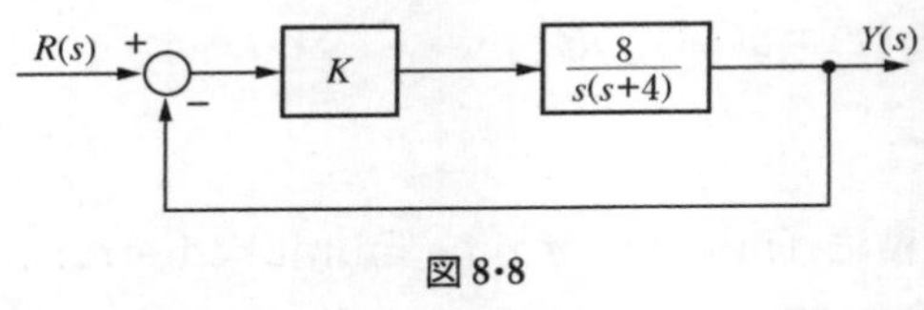

図 8•8

(解)

閉ループ特性は

$$\frac{Y(s)}{R(s)}=\frac{8K}{s^2+4s+8K}=\frac{\omega_n^2}{s^2+2\zeta\omega_n s+\omega_n^2}$$

となることから，係数比較より

$$2\zeta\omega_n=4$$

となり，題意の $\zeta=0.25$ を代入し，ω_n を求める．

$$\therefore\quad \omega_n=8$$

さらに，

$$\omega_n^2=8K$$

となることから

$$\therefore\quad K=8$$

となる．

(2)　減衰状態からの最適基準

制御では，ゲイン調整が比較的容易に行える理由からよく用いられる．しかし，ゲイン調整だけでは種々の条件を満足できない場合がある．そこで，**調節**

器（controller）を用いて制御対象を短時間に，そして目的の条件に適合するように，しかも最適に制御することが多い．一般的に，プロセス制御システムでよく用いる調節器には，**比例動作**（proportional control action：P 動作），**比例＋積分動作**（P and integral control action：P+I 動作），**比例＋積分＋微分動作**（P+I and derivative control action：P+I+D 動作）がある．これらの調節器には，それぞれの動作に対応するパラメータがあり，比例動作に対しては**比例感度**（proportional sensitivity）あるいは**比例帯［PB］**（proportional band），積分動作には**積分時間** T_I（integral time），そして微分動作には**微分時間** T_D（derivative time）がそれぞれある．

1)　比例動作（P 動作）

P 動作は制御偏差（$e(t)=r(t)-y(t)$）に比例する信号を出力する動作である．**図 8•9** から伝達関数は式（8•7）のように表せる．ただし，K_P は比例感度である．

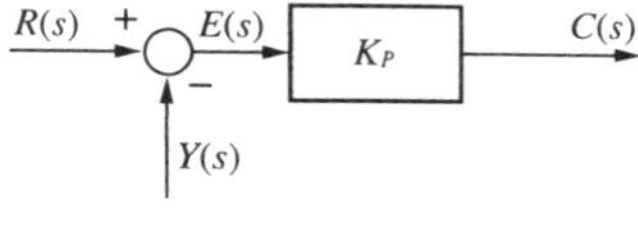

図 8•9　比例動作

$$c(t)=K_P e(t) \tag{8•6}$$

$$G_c(s)=\frac{C(s)}{E(s)}=K_P \tag{8•7}$$

この比例制御では，**図 8•10** に示すように制御量が目標値に近づいてくると制御偏差も小さくなり，それにともなって操作量も小さくなる．その結果，制御対象に十分な操作信号を出力できなくなり，目標値と制御量との隔たり（定常偏差）を生じる場合がある．

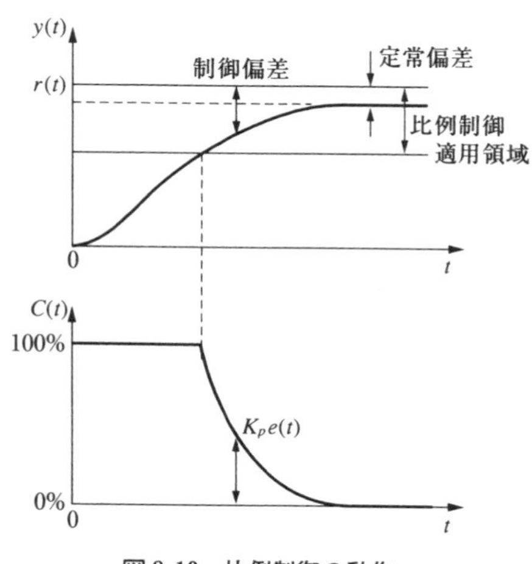

図 8•10　比例制御の動作

比例帯［PB］は動作信号を全目盛範囲に対する割合で表したものである．

$$[\mathrm{PB}]=\frac{1}{K_P}\times 100\ (\%) \tag{8•8}$$

2)　比例＋積分動作（P＋I 動作）

積分動作は制御偏差を累積し，操作量を出力する動作である．したがって，I 動作は単独で用いることはなく P 動作に付加することにより，P 動作で生じる定常偏差を解消させる目的で用いる動作である．

T_I は積分時間である．

その逆数をとった $1/T_I$ を**リセット率**(reset rate) という．

$$c(t) = \frac{1}{T_I}\int e(t)\,dt$$

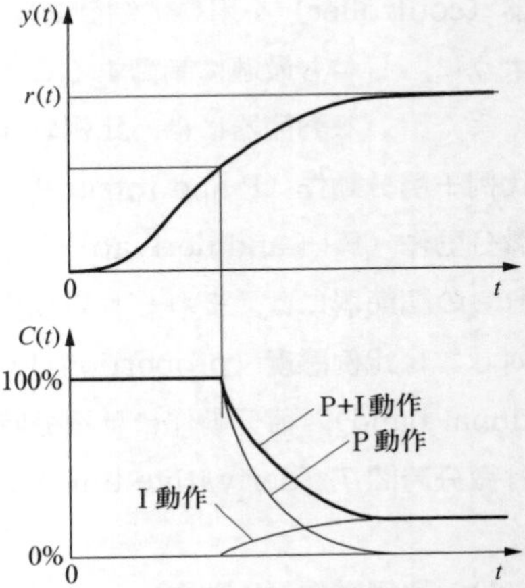

図 8·11　比例＋積分制御の動作

よって，P+I ＝ 動作の伝達関数 $G_c(s)$ は

$$G_c(s) = \frac{C(s)}{E(s)} = K_P\left(1+\frac{1}{T_I s}\right) \tag{8·10}$$

3)　比例＋積分＋微分動作（P＋I＋D 動作）

微分動作は式（8·11）で示すように制御偏差を微分する状態で表せる．しかし，

$$c(t) = T_D\frac{de(t)}{dt} \tag{8·11}$$

実際には制御偏差の限界との差として考える．したがって，I 動作の場合と同様に単独で用いることはなく，P 動作や P+I 動作に併用して使用する．P+I+D 動作としたときの伝達関数 $G_c(s)$ は式（8·12）のようになる．

$$G_c(s) = \frac{C(s)}{E(s)} = K_P\left(1+\frac{1}{T_I s}+T_D s\right) \tag{8·12}$$

図 8·12 のように予期せぬ外乱などの入力で制御量に変動を来した場合などは，この微分動作で素早く操作量を調節し，制御量の変化を元の状態に戻す働きをする動作となる．

このような動作を使用目的に応じ，しかも各条件に適合するように K_P，T_I，T_D のパラメータを決定する方法には，いくつかの実験結果に基づく経験則がある．

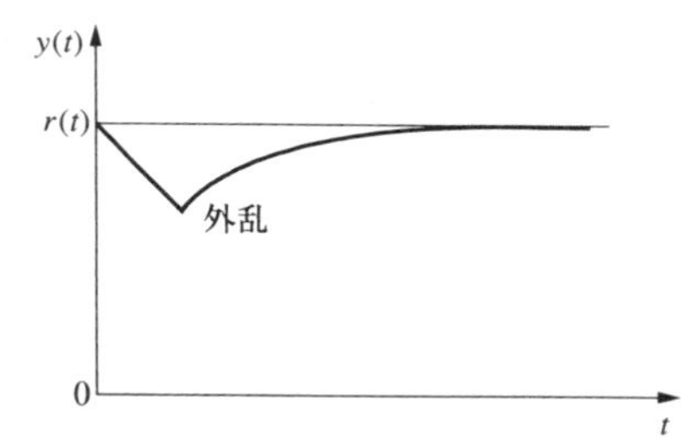

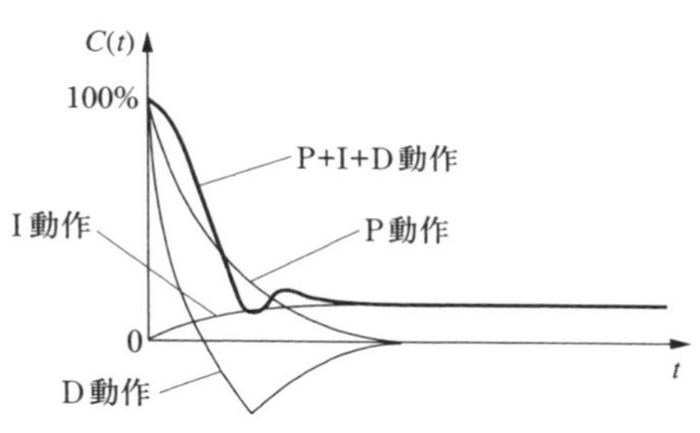

図 8・12　比例＋積分＋微分制御の動作

①　Ziegler–Nichols（ジーグラー–ニコルズ）の過渡応答法

制御対象を**図 8・13** に示すように自己制御性がある場合とない場合にそれぞれ分け，式（8・13），（8・14）で示す近似伝達関数 $G_p(s)$ でおのおの表し，K，L，T_p，RL の値から減衰振動の振幅比が 4：1 の割合

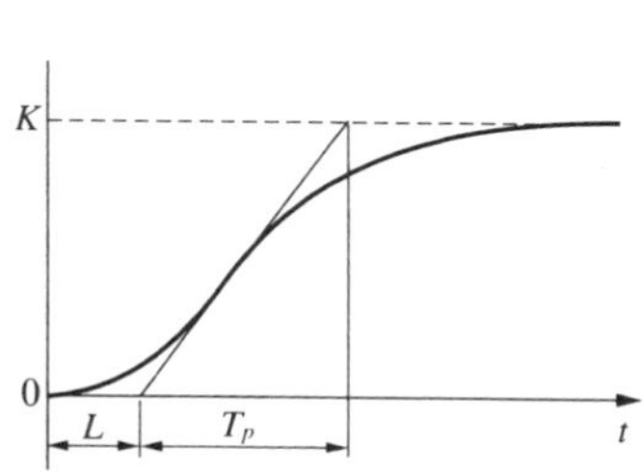

(a) 自己制御性のある場合の過渡応答

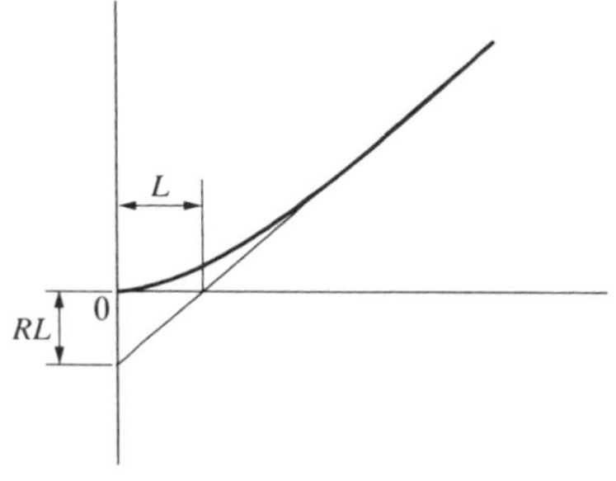

(b) 自己制御性のない場合の過渡応答

図 8・13　Ziegler–Nichols の過渡応答法

で減衰，あるいは 25% 減衰（制御面積法に対応）をするときの PID 制御調節器 $\{K_P(1+1/T_I s+T_D s)\}$ の K_P，T_I，T_D の値を実験経験から求める方法である．そのときのシステム構成を**図 8・14** に示す．**表 8・3** と**表 8・4** は場合分けしたときの最適パラメータを求める計算方法である．この方法を Ziegler–Nochols の過渡応答法と呼ぶ．

i)　自己制御性のある過渡応答の場合

$$G_p(s)=\frac{Ke^{-Ls}}{1+T_p s} \tag{8・13}$$

ii）自己制御性のない過渡応答の場合

$$G_p(s)=\frac{Re^{-Ls}}{s} \tag{8・14}$$

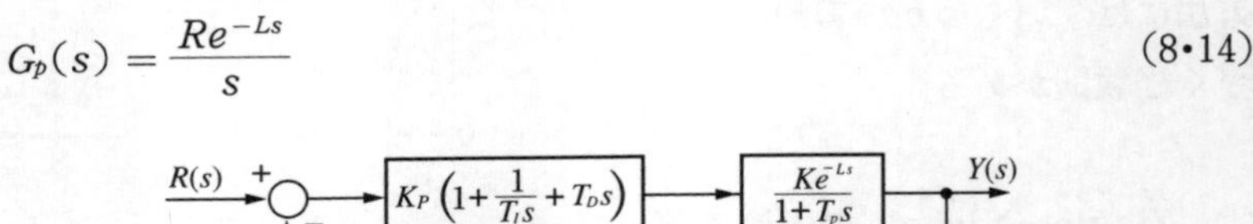

図 8・14　Ziegler–Nichols の過渡応答による制御システム構成

表 8・3　自己制御性がある場合の最適パラメータ

制御動作	比例感度 K_P	積分時間 T_I	微分時間 T_D
P	$\frac{T_p}{KL}$	∞	0
P+I	$\frac{0.9T_p}{KL}$	$3.3L$	0
P+I+D	$\frac{1.2T_p}{KL}$	$2.0L$	$0.5L$

表 8・4　自己制御性がない場合の最適パラメータ

制御動作	比例感度 K_P	積分時間 T_I	微分時間 T_D
P	$\frac{1}{RL}$	∞	0
P+I	$\frac{0.9}{RL}$	$3.3L$	0
P+I+D	$\frac{1.2}{RL}$	$2.0L$	$0.5L$

② Ziegler–Nichols の限界感動法

この方法は，$T_I=\infty$，$T_D=0$ とおき，比例感度 K_P だけの P 動作で制御を行う．制御システムの応答が安定限界状態になるときの安定限界感度（ゲイン）K_c と持続振動の周期 T_c を求めて，**表 8・5** より最適とするパラメータをそれぞれ算出する方法である．この方法を Ziegler–Nichols の限界感動法と呼ぶ．

表 8•5　Ziegler-Nichols の限界感動法による最適パラメータ

制御動作	比例感度 K_P	積分時間 T_I	微分時間 T_D
P	$0.5K_c$	∞	0
P+I	$0.45K_c$	$0.83T_c$	0
P+I+D	$0.6K_c$	$0.5T_c$	$0.125T_c$

③　Chien（チェン）-Hrones（ロネス）-Reswick（レスヴィック）法

図 8•14 で示したシステムをアナログ計算機でシミュレーションし，行き過ぎ量がない応答と行き過ぎ量を 20% 許したときの応答の中で最も整定時間の短い結果からパラメータを算出する方法である．その結果は次頁に示す**表 8•6** と**表 8•7** に示すように，外乱による場合と目標値による場合とに分けてそれぞれ求めている．

例題 8•3　ある実験装置にステップの大きさ 10 cm に対するステップ応答を求めたところ，**図 8•15** に示す記録結果を得ることができた．この装置の近似伝達関数と，制御するに必要な調節器の P+I 動作，P+I+D 動作のパラメータを Ziegler-Nichols の過渡応答より求めよ．

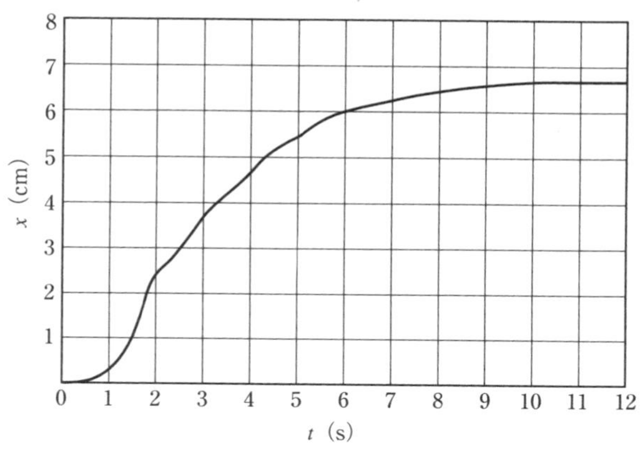

図 8•15

表 8·6　Chien-Hrones-Reswick 法による最適パラメータ（外乱による場合）

ブロック線図	最適条件	制御動作	K_P	T_I	T_D
$R(s)=0$, $K_P\left(1+\frac{1}{T_I s}+T_D s\right)$, $D=\frac{1}{s}$, $\frac{Ke^{-Ls}}{1+T_p s}$, $Y(s)$	行き過ぎ量なし T_R 最小	P	$\frac{0.3T_P}{KL}$	∞	0
		P+I	$\frac{0.6T_P}{KL}$	$4L$	0
		P+I+D	$\frac{0.9T_P}{KL}$	$2.4L$	$0.4L$
	行き過ぎ量20% T_R 最小	P	$\frac{0.7T_P}{KL}$	∞	0
		P+I	$\frac{0.7T_P}{KL}$	$2.3L$	0
		P+I+D	$\frac{1.2T_P}{KL}$	$2L$	$0.42L$

表 8·7　Chien-Hrones-Reswick 法による最適パラメータ（目標値による場合）

ブロック線図	最適条件	制御動作	K_P	T_I	T_D
$R(s)$, $K_P\left(1+\frac{1}{T_I s}+T_D s\right)$, $\frac{Ke^{-Ls}}{1+T_p s}$, $Y(s)$	行き過ぎ量なし T_R 最小	P	$\frac{0.3T_p}{KL}$	∞	0
		P+I	$\frac{0.35T_p}{KL}$	$1.2T_p$	0
		P+I+D	$\frac{0.6T_p}{KL}$	T_p	$0.5L$
	行き過ぎ量20% T_R 最小	P	$\frac{0.7T_p}{KL}$	∞	0
		P+I	$\frac{0.6T_p}{KL}$	T_p	0
		P+I+D	$\frac{0.95T_p}{KL}$	$1.35T_p$	$0.47L$

（解）

図8･15に示す測定結果から，**図8･16**のように等価むだ時間L，等価時定数T_p，最終値K_Pをそれぞれ読み取ると

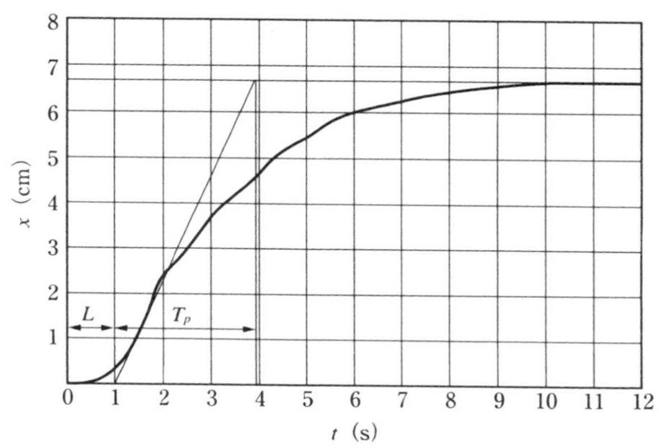

図8･16

$$L = 1\,\mathrm{s}$$

$$T_p = 2.94\,\mathrm{s}$$

$$K_P = 6.63\,\mathrm{cm}$$

となる．ゲイン定数Kは入力との関係から

$$K = \frac{K_P}{10\,\mathrm{cm}} = 0.663$$

として求められる．これらの値を基に近似伝達関数を求めると

$$G_p(s) = \frac{0.663e^{-s}}{1+2.94s}$$

となる．

また，P+IおよびP+I+D動作で制御するに必要な調節器のパラメータは，表8･3におけるZiegler-Nocholsの過渡応答法の結果より算出すると，それぞれのパラメータは

（a）　P+I動作の場合

$$K_P = \frac{0.9\times2.94\,\mathrm{s}}{0.663\times1\,\mathrm{s}} \fallingdotseq 4.0$$

$$T_I = 3.3\times1\,\mathrm{s} = 3.3\,\mathrm{s} \fallingdotseq 0.055\,\mathrm{min}$$

(b)　P＋I＋D 動作の場合

$$K_P=\frac{1.2\times 2.94\,\mathrm{s}}{0.663\times 1\,\mathrm{s}}\fallingdotseq 5.3$$

$$T_P=2.0\times 1\,\mathrm{s}=2\,\mathrm{s}\fallingdotseq 0.033\,\mathrm{min}$$

$$T_I=0.5\times 1\,\mathrm{s}=0.5\,\mathrm{s}\fallingdotseq 0.01\,\mathrm{min}$$

として得られる.

実際には，これらの値を基に試行錯誤的に自動制御を行い，最適とするパラメータを求める手法をとることが多い.

(3)　周波数特性からの最適基準

1)　開ループ周波数特性

一巡周波数伝達関数から得られるゲイン余裕 g_m，位相余裕 ϕ_m よりフィードバックシステムの最適な応答状態を表す基準は，多くの実験結果から表 8•1 に示す値におさまるように調整する.

2)　閉ループ周波数特性

開ループ周波数特性からニコルズ線図などを用いて閉ループ周波数特性を求め，過渡応答の行き過ぎ量に影響を与える M_p を表 8•2 に示すような値になるように調整を行う.

8•3　特 性 補 償

フィードバックシステムの制御で要求する用件は，速応性，安定性，制御精度を示す定常偏差などである．これらの用件を満たすようにゲイン調整やパラメータ調整を行い，制御を行う．しかしながら，これだけで満足する制御結果を必ずしも得られるとは限らない．そこで，システム内に適当な特性補償回路を挿入し，動特性の改善を図る手法をとる.

特性補償には，システム内に挿入する補償回路の挿入場所や種類によって，種々の補償がある．また，特性補償を周波数応答法，根軌跡法などから吟味する方法などがある．ここでは，よく用いるボード線図を利用して簡単に説明する.

(1) 直列補償（series compensation）

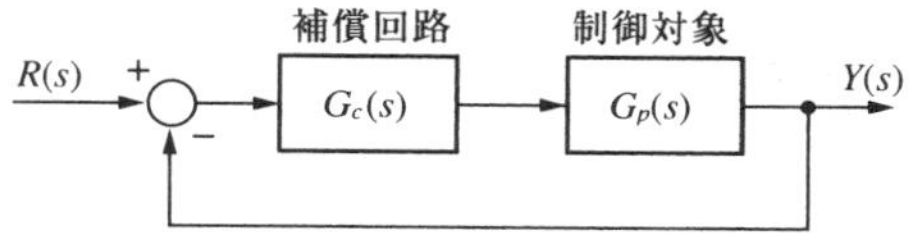

図 8・17 直列補償システム

直列補償は，**図 8・17** に示すブロック線図で構成する．また，この補償は，速応性，安定性の改善を図る**位相進み補償**（phase lead compensation），安定性を損なうことなく定常偏差を改善する**位相遅れ補償**（phase lag compensation），そして以上の 2 つの補償を満たす位相進み遅れ補償などがある．

1) 位相進み補償

この補償は，速応性，安定性すなわち過渡特性の改善を目的に用いる．それは，位相曲線の位相交点を比較的高周波数域に移動させることにより，応答を速めさせる性質をもっている．

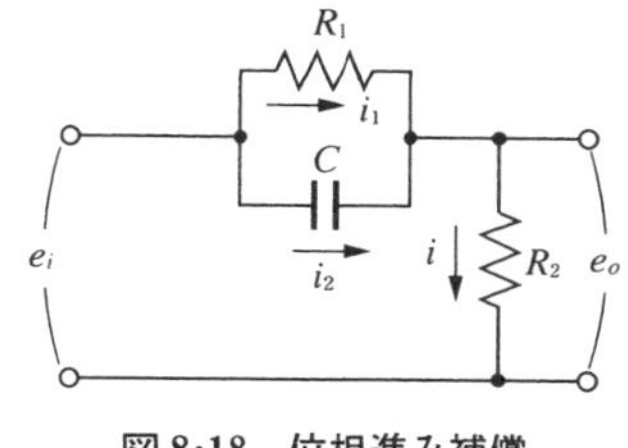

図 8・18 位相進み補償

位相進み補償回路は**図 8・18** に示す CR 電気回路がよく用いられる．この回路の伝達関数を求めるにあたり，キルヒホッフの電圧則および電流則から

$$\left.\begin{aligned} e_i &= R_1 i_1 + e_o \\ e_i &= \frac{1}{C}\int i_2\,dt + e_o \\ e_o &= R_2\, i \\ i &= i_1 + i_2 \end{aligned}\right\} \tag{8・15}$$

$$G_c(s) = \frac{E_o(s)}{E_i(s)} = \frac{\alpha(1+T_1 s)}{1+T_2 s} \tag{8・16}$$

となる．ただし，

$$\alpha = \frac{R_2}{R_1+R_2} < 1,\ T_1 = CR_1,\ T_2 = \alpha T_1,\ T_1 > T_2$$

である．この位相進み補償に対して，$T_1 = 1\,\mathrm{s}$，$\alpha = 0.05$ と 0. 1 の場合に対す

るボード線図を**図 8・19** に示す．この図からも理解できるように，低周波数域でゲインが低下するものの，高い周波数での位相を進める作用がある．

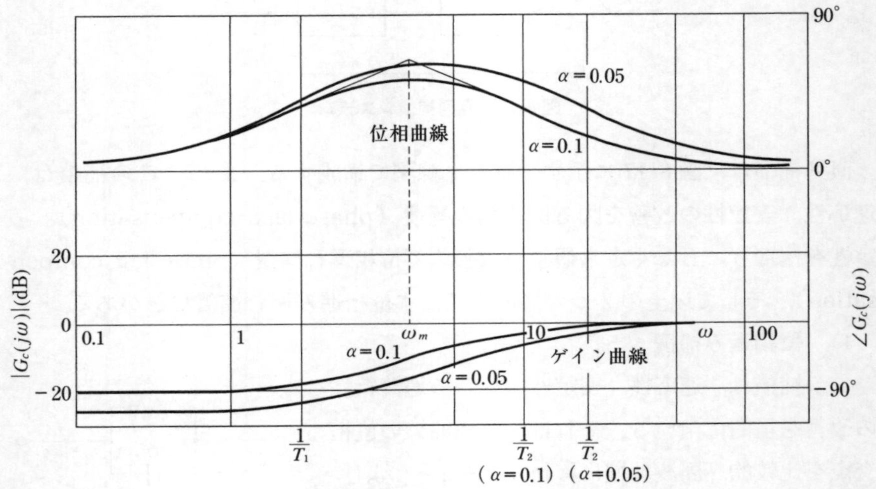

図 8・19　位相進み補償のボード線図

位相曲線の最高値をとるときの周波数 ω_m はそれぞれの折点周波数 $\omega_{b1} = 1/T_1$ と $\omega_{b2} = 1/T_2$ の幾何平均として

$$\log_{10}\omega_m = \frac{1}{2}\left(\log_{10}\frac{1}{T_2} + \log_{10}\frac{1}{T_1}\right)$$

$$= \log_{10}\frac{1}{\sqrt{T_1 T_2}}$$

$$\therefore \quad \omega_m = \frac{1}{\sqrt{T_1 T_2}} = \frac{1}{\sqrt{\alpha}\,T_1} \tag{8・17}$$

を得る．

式 (8・16) の位相差 ϕ は

$$\phi = \tan^{-1}(T_1\omega) - \tan^{-1}(T_2\omega)$$

$$\tan\phi = \frac{T_1\omega - T_2\omega}{1 + (T_1\omega)(T_2\omega)} = \frac{(1-\alpha)T_1\omega}{1 + \alpha(T_1\omega)^2} \tag{8・18}$$

$\phi=\phi_m$ のとき，$\omega=\omega_m=\dfrac{1}{\sqrt{\alpha}\,T_1}$ となることから

$$\therefore\quad \tan\phi_m=\frac{1-\alpha}{2\sqrt{\alpha}} \tag{8・19}$$

または，

$$\sin\phi_m=\frac{1-\alpha}{1+\alpha} \tag{8・20}$$

として得られる．よって，$T_1=1\,\mathrm{s}$ で $\alpha=0.1$ のときは，$\omega_m\fallingdotseq 3.16\,\mathrm{rad/s}$，$\phi_m\fallingdotseq 54.8°$ を得る．

例題 8・4 一巡伝達関数 $G_p(s)$ が

$$G_p(s)=\frac{K}{s(1+s)}$$

で与えられているとき，このシステム内に位相進み補償を挿入し，以下の条件を満たす補償要素の伝達関数 $G_p(s)$ を求めよ．

1） 単位ランプ入力による定常速度偏差を 0.2 以下にする．

2） 位相余裕 ϕ_m を 40° 以上にする．

（解）

条件 1）から，最終値の定理を用いて，ゲイン定数 K を求める．

$$e(\infty)=\lim_{s\to 0} sE(s)=\lim_{s\to 0} s\frac{1}{1+G_p(s)}R(s)$$

$$0.2=\lim_{s\to 0} s\frac{1}{1+\dfrac{K}{s(1+s)}}\frac{1}{s^2}=\frac{1}{K}$$

$$\therefore\quad K=5$$

よって，題意の条件を満たすゲイン定数は $K\geqq 5$ の値にすればよいことになる．そこで，$K=5$ を一巡伝達関数に代入し，ボード線図を求める．その結果，**図 8・20** に示すようなゲイン曲線および位相曲線を得る．これよりゲイン交点周波数 $\omega_m\fallingdotseq 2.3\,\mathrm{rad/s}$ で位相余裕 g_m が 22° となる．

条件 2）より，ω_m 付近で位相余裕を 40° にするには

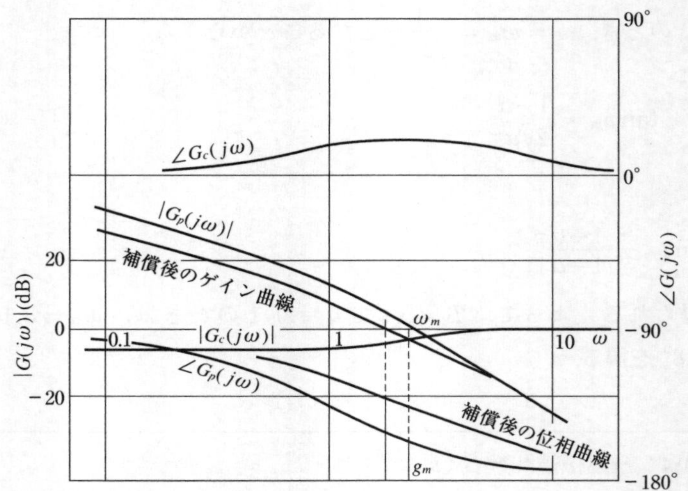

図 8・20　補償前と補償後のボード線図

$$40° - 22° = 18°$$

以上の位相を進める必要がある．よって，式（8・16）で表される位相進み要素のパラメータ α，T_1，T_2 を求める．

位相 ϕ を 18° よりも多少大きい 20° にする．式（8・20）に $\phi_m = 20°$ を代入し，α の値を求める．

$$\sin 20° = \frac{1-\alpha}{1+\alpha}$$

$$\therefore \quad \alpha \fallingdotseq 0.49$$

時定数 T_1 は式（8・17）より

$$T_1 = \frac{1}{\sqrt{\alpha}\,\omega_m} = \frac{1}{\sqrt{0.49} \times 2.3\ \mathrm{rad/s}}$$

$$\fallingdotseq 0.62\ \mathrm{s}$$

となる．同様に，T_2 は

$$T_2 = \alpha T_1 = 0.49 \times 0.62\ \mathrm{s} \fallingdotseq 3\ \mathrm{s}$$

として得られる．よって，位相進み補償要素の伝達関数 $G_c(s)$ は

$$G_c(s) = \frac{0.49(1+0.62s)}{1+0.3s}$$

として求められる．

2)　位相遅れ補償

位相遅れ補償は，高周波数域でのゲインを低下させることのできる要素である．低周波域ではゲインにまったく影響を与えない特徴をもっている．その結果，低周波数域での一巡伝達関数のゲインは，大きくとれることから定常偏差を小さくすることができ，しかも高周波数域でのゲイン低下にともない安定性を損なうことがない．したがって，この位相遅れ補償要素は，安定性や速応性に影響を与えることなく，システムの精度を示す定常偏差を改善することができる．

位相遅れ補償は，**図 8・21** に示すように CR 回路で作ることができる．この回路の電圧則より，

$$\left.\begin{aligned} e_i &= R_1 i + e_o \\ e_o &= R_2 i + \frac{1}{C}\int i\,dt \end{aligned}\right\} \qquad (8{\cdot}21)$$

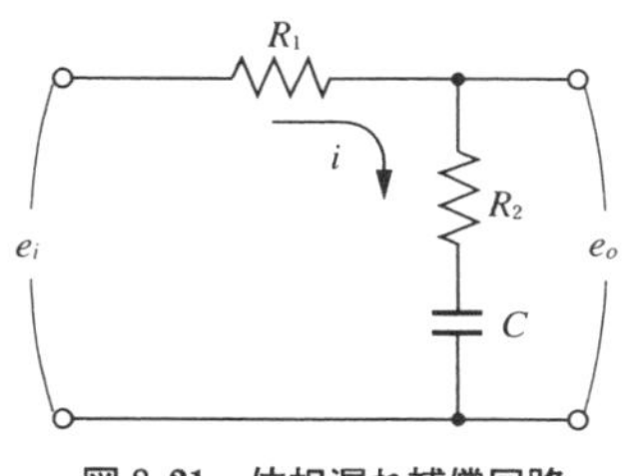

図 8・21　位相遅れ補償回路

両式をラプラス変換を施し，電流 $I(s)$ を消去すると伝達関数 $G_c(s)$ は，

$$G_c(s) = \frac{E_o(s)}{E_i(s)} = \frac{1+T_2 s}{1+\dfrac{T_2 s}{\alpha}} = \frac{1+T_2 s}{1+T_1 s} \qquad (8{\cdot}22)$$

となる．ただし，

$$\alpha = \frac{R_2}{R_1+R_2} < 1,\ T_2 = CR_2,\ T_1 = \frac{T_2}{\alpha},\ T_1 > T_2$$

である．一般的に，折点周波数の高い $1/T_2$ は，ω_m より 1 dec 低い点を選ぶように設計する．この位相進み補償に対して，$T_2 = 1$ s，$\alpha = 0.05$ と 0.1 の場合に対するボード線図を**図 8・22** に示す．この図からも理解できるように，低周波数域でのゲインは 0 dB となり，周波数 ω が高くなるに従いゲインを下げることが理解できよう．

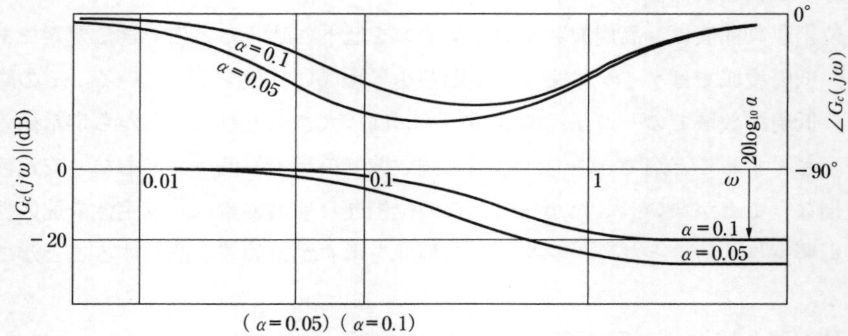

図 8・22　位相遅れ補償のボード線図

例題 8・5　一巡伝達関数 $G_p(s)$ が

$$G_p(s) = \frac{K}{s(s+1)(s+4)}$$

で与えられるとき，このシステム内に位相遅れ補償を挿入し，

1)　単位ランプ入力に対する定常偏差を 0.1 以内にする．

2)　位相余裕 ϕ_m を 20° 以上にする．

の条件を満たすような位相遅れ補償要素の伝達関数を求めよ．

（解）

条件 1) より，ゲイン定数 K を求める．

$$e(\infty) = \lim_{s \to 0} sE(s) = \lim_{s \to 0} s\frac{1}{1+G_p(s)}R(s)$$

$$= \lim_{s \to 0} \frac{1}{s + \dfrac{K}{(s+1)(s+4)}}$$

$$= \frac{4}{K}$$

よって，題意より，$e(\infty) \leqq 0.1$ となるときのゲイン定数 K を求めると

$0.1K \geqq 4$

$\therefore\ K \geqq 40$

となる．

次に，$K=40$ を一巡伝達関数に代入したときのボード線図を求めると，**図 8・23** のようになる．この図より，ゲイン交点周波数は，$\omega_m \fallingdotseq 3.1$ rad/s で位相余裕 g_m が $-16°$ となることから，不安定である．

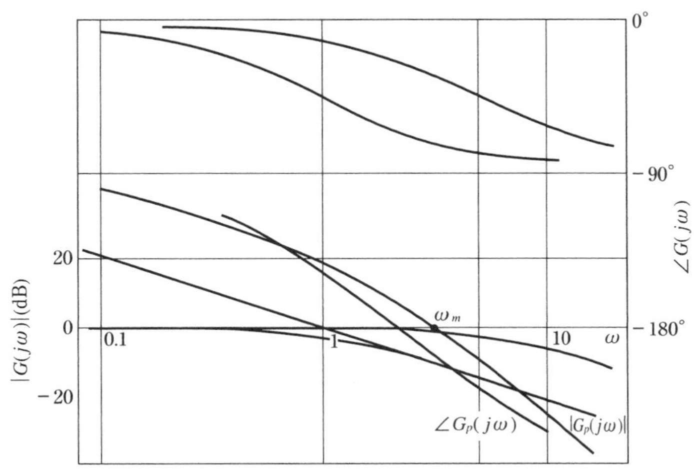

図 8・23　一巡伝達関数のボード線図

条件 2) より，位相余裕を 20° にするには，ゲイン交点周波数を $\omega_m = 1.3$ rad/s のところまで移動させる必要がある．余裕をもって $\omega_m = 1$ rad/s とし，この交点周波数でのゲイン $|G_p(j\omega)|$ は 19 dB であることから

$$20\log_{10}\alpha = 19\ \mathrm{dB}$$

$$\alpha = 10^{-0.95}$$

$$\fallingdotseq 0.11$$

となる．また，折点周波数の高い $1/T_2$ は，

$$\frac{1}{T_2} = \frac{\omega_m}{10} = \frac{1\ \mathrm{rad/s}}{10} = 0.1\ \mathrm{rad/s}$$

$$\therefore \quad T_2 = 10\ \mathrm{s}$$

$$T_1 = \frac{T_2}{\alpha} = \frac{10\ \mathrm{s}}{0.11} \fallingdotseq 91\ \mathrm{s}$$

よって，

$$G_c(s)=\frac{1+10\,s}{1+91\,s}$$

として求められる．この結果によるボード線図を図 8·24 に示す．

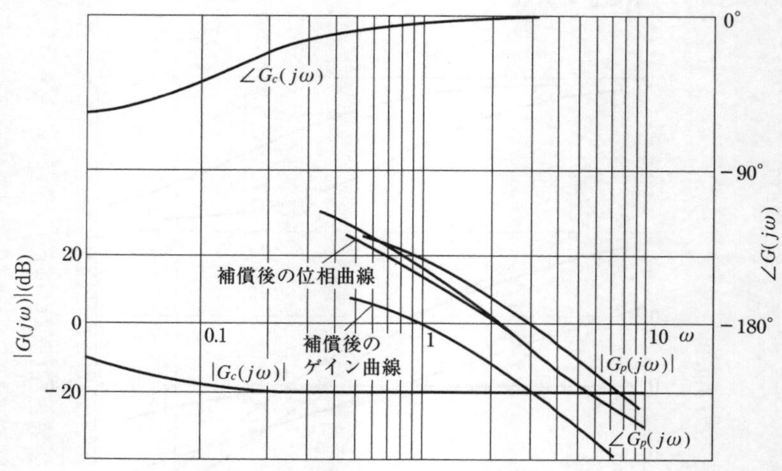

図 8·24　位相遅れ補償を挿入後のボード線図

3)　位相進み遅れ補償

位相進み遅れ補償は位相進み要素の長所と位相遅れ要素の長所を兼ね備えた要素で，それぞれの要素を**図 8·25** のように直列結合した補償要素である．したがって，位相遅れ補償で定常偏差は改善できるが，ゲイン交点が低周波数域へ移動することから，速応性を悪くする．そこで，位相進み補償を加えることでゲイン交点周波数を高くし速応性を改善させる．この補償は，プロセス制御に用いる PID 制御調節器と同じ動作特性をもつものである．

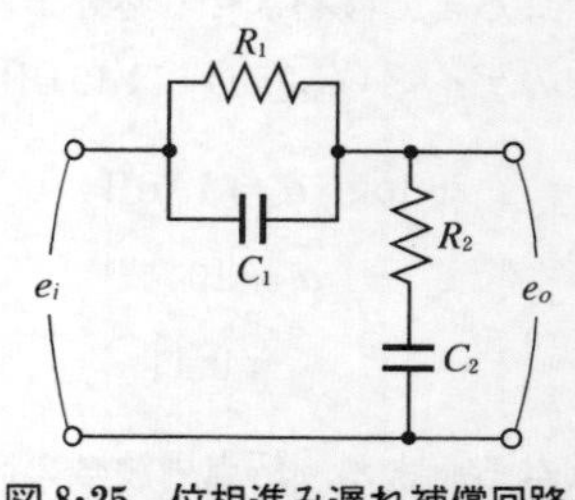

図 8·25　位相進み遅れ補償回路

図 8·25 の回路から伝達関数 $G_c(s)=E_o(s)/E_i(s)$ を求めると

$$G_c(s)=\frac{T_1T_2\,s^2+(T_1+T_2)s+1}{T_1T_2\,s^2+(T_1+T_2+T_{12})s+1} \tag{8·23}$$

となる．ただし，$T_1 = R_1 C_1$，$T_2 = R_2 C_2$，$T_{12} = R_1 C_2$，$T_1 < T_2$ となる．

(2) フィードバック補償 (feedback compensation)

直列補償は電気系システムなどの特性改善に比較的簡単に挿入できるが，機械系システムなどへの応用は困難をともなうことが多い．そこで，直列補償の変わりとしてフィードバック補償を用いることが多い．**図 8・26** に示すように，フィードバック要素の代わりとして補償要素を挿入し，$G'(s)$ の特性を希望する特性に改善させる．これをフィードバック補償という．

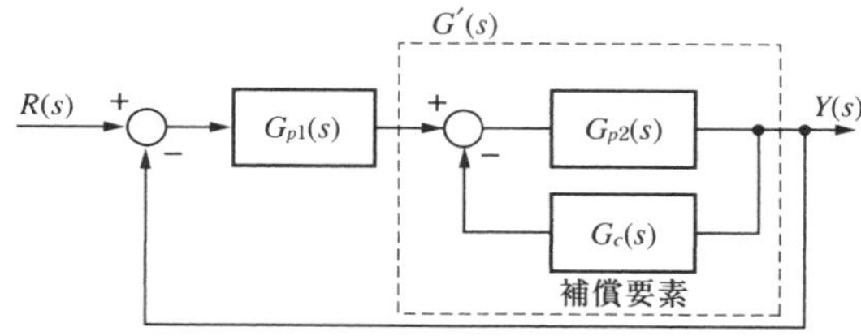

図 8・26　フィードバック補償

$$G'(s) = \frac{G_{p2}(s)}{1 + G_{p2}(s)G_c(s)} \tag{8・24}$$

例えば，$|G_{p2}(j\omega)G_c(j\omega)| \gg 1$ とすれば

$$G'(s) \fallingdotseq \frac{1}{G_c(s)} \tag{8・25}$$

となり，補償をフィードバックに挿入することで周波数特性を補償要素だけで決められる．

フィードバック補償に

$$G_c(s) = \frac{Ts}{1 + Ts}$$

を用いると，

$$G'(s) \fallingdotseq \frac{1}{G_c(s)} = 1 + \frac{1}{Ts}$$

となり，P+I 動作調節器，あるいは位相遅れ要素を直列に挿入した結果と同じになる．

8章　練 習 問 題

1.　**図 8・27** に示すシステムの位相余裕を 40° にするときの，ゲイン定数 K を求めよ．

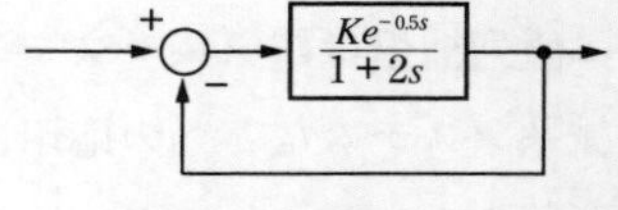

図 8・27

2.　例題 8・1 で，共振値を $M_p = 1.3$ にするときのゲインを求めよ．

3.　一巡伝達関数 $G(s)$ が

$$G(s) = \frac{K}{s(1+0.1s)(1+0.25s)}$$

であるとき，このシステムの共振値 $M_p = 1.3$ にするときのゲイン定数 K をボード線図を用いて求めよ．

4.　閉ループ伝達関数 $W(s)$ が

$$W(s) = \frac{\omega_n{}^2}{s^2 + 2\zeta\omega_n s + \omega_n{}^2}$$

で与えられるシステムの共振値 M_p が $M_p = \dfrac{1}{2\zeta\sqrt{1-\zeta^2}}$ となることを証明せよ．

5.　**図 8・28** に示すシステムで減衰係数 ζ を 0.4 にするときのゲイン定数 K を求めよ．また，減衰係数 ζ を 0.4 から 0.6 に増やすには，減衰係数 $\zeta = 0.4$ のときのゲイン定数を何倍にすればよいか．

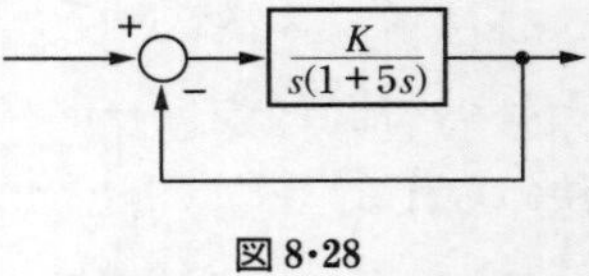

図 8・28

6.　例題 8・3 で求めた P+I 動作および P+I+D 動作のパラメータを同様に，Chien, Hrones, Reswick 法を用いて算出せよ．

7.　一巡伝達関数 $G(s)$ が

$$G(s) = \frac{K}{s(1+10s)}$$

で与えられるシステムに位相進み補償を挿入し，位相余裕を 30° にするためのゲイン定数Kを求めよ．ただし，位相進み補償のα，T_1をそれぞれ0.4，2とする．

8. 一巡伝達関数$G_p(s)$が

$$G_p(s) = \frac{K}{s(1+0.2s)}$$

で与えられているとき，このシステム内に位相進み補償を挿入し，以下の条件を満たす補償要素の伝達関数$G_c(s)$を求めよ．

1) 単位ランプ入力による定常速度偏差を0.1以下にする．

2) 位相余裕ϕ_mを45°以上にする．

9. 一巡伝達関数$G_p(s)$が

$$G_p(s) = \frac{K}{s(1+0.1s)(1+0.05s)}$$

で与えられているとき，このシステム内に位相遅れ補償を挿入し，以下の条件を満たす補償要素の伝達関数$G_c(s)$を求めよ．

1) 単位ランプ入力による定常速度偏差を0.2以下にする．

2) 位相余裕ϕ_mを50°以上にする．

10. 図8•25に示す位相進み遅れ補償の伝達関数である式（8•23）を導け．

11. **図8•29**に示す回路を図8•26のようなフィードバック補償に用いるとPID動作調節器と同じ伝達関数になることを示せ．ただし，$|G_{p2}(j\omega)| \gg 1$とする．

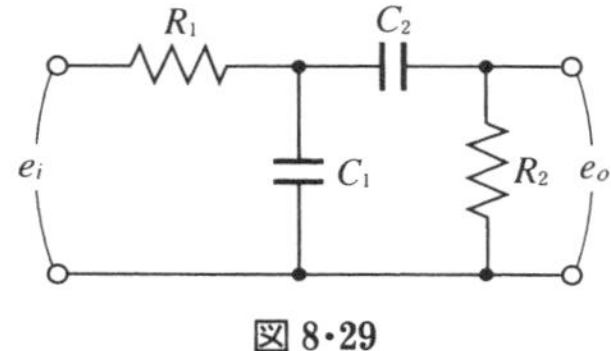

図8•29

参考文献

1) 土井誠訳：ラプラス変換，マグロウヒル好学社，1982
2) William T. Thomson：LAPLACE TRANSFORMATION, Maruzen Asian Edition, 1968
3) 高井宏幸・長谷川健介：ラプラス変換法入門，丸善，1968
4) 山本邦夫・神吉健訳：ラプラス変換，共立，1977
5) Floyd E. Nixon：Handbook of Transformation—Tables and Examples, PRENTICE-HALL ASIAN EDITION, 1963
6) 小郷寛・佐藤真平：自動制御入門のためのラプラス変換演習，共立，1967
7) 近藤二郎：演算子法，培風館，1970
8) 若山伊三雄：例題演習自動制御入門，産業図書，1968
9) 添田喬・中溝高好：自動制御の講義と演習，1996
10) 小林伸明：基礎制御工学，共立，1993
11) 川元修三：工業計測，森北出版，1972
12) 中野道雄・美多勉：制御基礎理論［古典から現代まで］，昭晃堂，1992
13) 渡辺嘉二郎：制御工学，サイエンスハウス，1988
14) 増淵正美：改訂自動制御基礎理論，コロナ社，1977
15) 増淵正美：自動制御例題演習，コロナ社，1973
16) 広田実：船舶制御システム工学，成山堂，1979
17) 長谷川健介：フィードバックと制御，共立出版，1977
18) Benjamin C. Kuo：AUTOMATIC CONTROL SYSTEMS, Maruzen Asian Edition, 1967
19) 河合素直：制御工学—基礎と例題—，昭晃堂，1983
20) 土屋喜一・畑山正俊：プロセス制御，オーム社，1965
21) 添田喬・中溝高好：わかる自動制御演習，日新出版，1967
22) 明石一・今井弘之：詳解制御工学演習，共立出版，1993
23) 宮崎孔友：制御工学，学献社，1979
24) 広田実：船舶制御システム工学，成山堂，1984
25) 伊藤正美：自動制御，丸善，1981
26) 伊藤正美：制御理論演習，昭晃堂，1977
27) 鳥羽栄治・山浦逸雄：制御工学演習，森北出版，1996

練習問題 解答

■第 2 章解答

1.

1) $\dfrac{k}{s}-\dfrac{1}{s+a}$　　2) $\dfrac{3!}{(s+a)^4}-\dfrac{s}{s^2+\omega^2}$　　3) $\dfrac{6}{s}+\dfrac{18}{s^4}+\dfrac{1}{s+4}$

4) $\mathcal{L}[tf(t)]=-\dfrac{d}{ds}F(s)$

$$\mathcal{L}[te^{-t}\sin t]=-\frac{d}{ds}\left\{\frac{1}{(s+1)^2+1}\right\}$$

$$F(s)=\frac{2(s+1)}{\{(s+1)^2+1\}^2}$$

5) $\mathcal{L}[t^n]=\dfrac{n!}{s^{n+1}}$ であるから Gamma 関数 Γ を用いて表す.

$$\Gamma(n+1)=n\Gamma(n)=n(n-1)(n-2)\cdots\cdots1\cdot\Gamma(1)=n!$$

$$\frac{n!}{s^{n+1}}=\frac{\Gamma(n+1)}{s^{n+1}}\qquad \mathcal{L}\left[t^{-\frac{1}{2}}\right]=\frac{\Gamma\left(\frac{1}{2}\right)}{s^{\frac{1}{2}}}$$

ここで

$\Gamma(k)=\displaystyle\int_0^\infty x^{k-1}e^{-x}dx$　であるから　$\Gamma\left(\dfrac{1}{2}\right)=\displaystyle\int_0^\infty x^{-\frac{1}{2}}e^{-x}dx$

$x=\lambda^2$ とおくと $x^{-\frac{1}{2}}=\lambda^{-1}$, $e^{-x}=e^{-\lambda^2}$, $dx=2\lambda d\lambda$

よって

$$\Gamma\left(\frac{1}{2}\right)=2\int_0^\infty \lambda^{-1}e^{-\lambda^2}\lambda d\lambda=2\int_0^\infty e^{-\lambda^2}d\lambda=\sqrt{\pi}$$

$$F(s)=\mathcal{L}\left[t^{-\frac{1}{2}}\right]=\frac{\sqrt{\pi}}{s^{\frac{1}{2}}}=\sqrt{\frac{\pi}{s}}$$

2.

1) $\dfrac{1}{s}(1+e^{-\tau_1 s}+e^{-\tau_2 s}-2e^{-\tau_3 s}-e^{-\tau_4 s})$

2) $\dfrac{a}{s^2}\left\{\dfrac{1}{\tau_1}(1-e^{-\tau_1 s})-\dfrac{1}{\tau_3-\tau_2}(e^{-\tau_2 s}-e^{-\tau_3 s})\right\}$

3) $\dfrac{1}{s}(2-2e^{-\tau_2 s}-e^{-\tau_3 s})+\dfrac{1}{\tau_1 s^2}(1-e^{-\tau_1 s})$

4) $\dfrac{a}{s}\left(\dfrac{1}{\tau s}-\dfrac{e^{-\tau s}}{1-e^{-\tau s}}\right)$

3. 1) $3e^{-4t}$　2) $2(1-e^{-t})$　3) $\dfrac{5}{3}(e^{-t}-e^{-4t})$

4) $\dfrac{16}{39}e^{3t}+\dfrac{2}{21}e^{-3t}+\dfrac{45}{91}e^{-10t}$　5) $e^{-2t}+2e^{-5t}$

6) $\dfrac{1}{18}-\dfrac{1}{2}e^{-2t}+\dfrac{1}{3}te^{-3t}+\dfrac{4}{9}e^{-3t}$　7) $-2e^{-2t}+3e^{-t}\cos t$

8) $\sqrt{2}\,e^{-t}\sin\left(2t+\dfrac{\pi}{4}\right)$　9) $-\dfrac{2}{9}e^{-5t}+\dfrac{\sqrt{5}}{9}e^{-2t}\sin(3t+\tan^{-1}2)$

4. 1) $1+e^{-\frac{t}{5}}$　2) $2(e^{-\frac{t}{3}}-e^{-\frac{t}{2}})$

3) $2-\dfrac{1}{5}te^{-\frac{t}{5}}-5e^{-\frac{t}{5}}$　4) $-\dfrac{1}{2}-\dfrac{1}{3}e^{-t}+\dfrac{1}{14}e^{-2t}+\dfrac{64}{21}e^{-\frac{t}{4}}$

5) $x(t)=\sin t-2\cos t-e^{-3t}$　$y(t)=-\dfrac{2}{3}\sin t+2e^{-3t}$

■第 3 章解答

1. 1) $\dfrac{H_2(s)}{Q_i(s)}=\dfrac{R_2}{(T_1s+1)(T_2s+1)+T_{12}s}$

$T_1=C_1R_1,\ T_2=C_2R_2,\ T_{12}=C_1R_2$

2) $\dfrac{H_3(s)}{Q_i(s)}=\dfrac{R_3}{(T_1s+1)\{(T_2s+1)(T_3s+1)+T_{23}s\}}$

$T_1=C_1R_1,\ T_2=C_2R_2,\ T_3=C_3R_3,\ T_{23}=C_2R_3$

2.

1) $\dfrac{X_2(s)}{F(s)}=\dfrac{m_1s^2+(c_1+c_2)s+k_1+k_2}{(m_2s^2+c_2s+k_2)\{m_1s^2+(c_1+c_2)s+k_1+k_2\}-(c_2s+k_2)^2}$

2)　$\dfrac{X_2(s)}{F(s)} = \dfrac{k_1}{(m_1s^2+k_1)(m_2s^2+k_1+k_2)-k_1^2}$

3.

1)

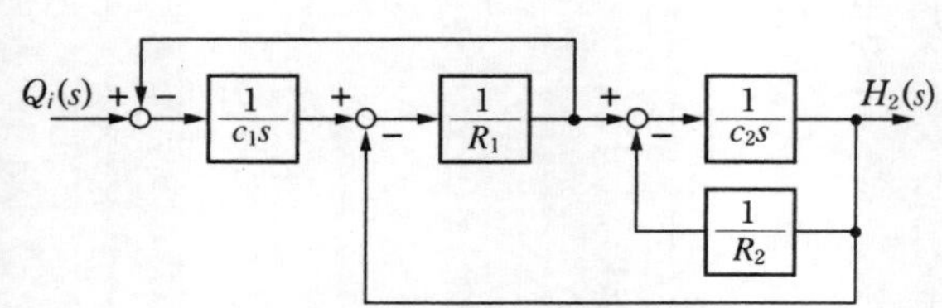

2)

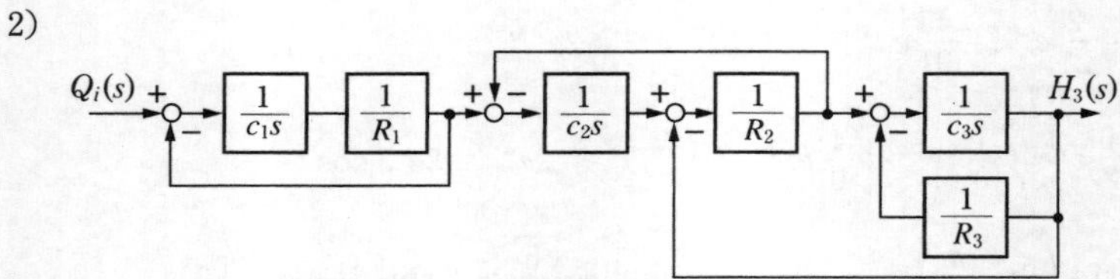

4.

1)　　　　　　　　2)

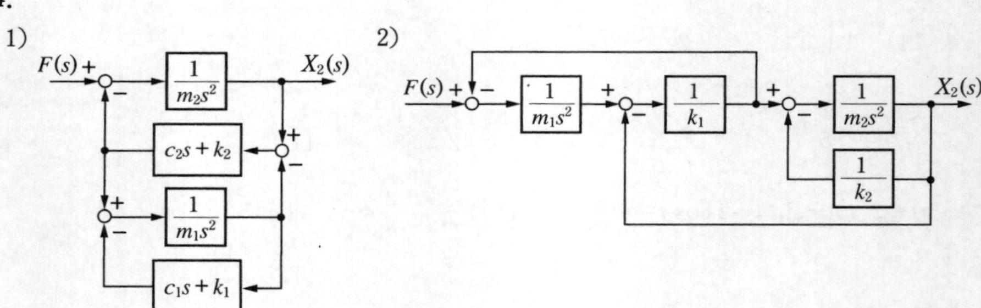

5.　1)　$\dfrac{E_o(s)}{E_i(s)} = \dfrac{T_2s+1}{(T_1+T_2)s+1}$　　　$T_1 = CR_1,\ \ T_2 = CR_2$

2)　$\dfrac{I(s)}{E_i(s)} = \dfrac{Cs}{LCs^2+RCs+1}$

6.　1)　$\dfrac{Y(s)}{U(s)} = \dfrac{G_1(s)G_2(s)G_3(s)}{1+G_3(s)G_4(s)+G_2(s)G_3(s)G_5(s)}$

2)　$\dfrac{Y(s)}{U(s)} = \dfrac{G_1(s)G_2(s)G_3(s)G_4(s)}{1+G_2(s)G_3(s)G_5(s)+G_3(s)G_4(s)G_6(s)+G_1(s)G_2(s)G_3(s)G_4(s)}$

3)　$\dfrac{Y(s)}{U(s)} = \dfrac{ad(b+c)}{1+abe+ad(f+g)(b+c)}$

7. 省略

8. 省略

9. 1) $\dfrac{y}{x}=\dfrac{abcdef}{1+bg+deh+bcdi+bdegh}$

2) $\dfrac{y}{x}=\dfrac{abcde}{1+f+dg+cdh+dfg+cdfh}$

3) $\dfrac{y}{x}=\dfrac{abcd(1-i)+ed(1-i+fg)+acdgh}{1-i+fg+cdi-cdij+cdfgj}$

10. 1) 信号伝達線図を次に示す．

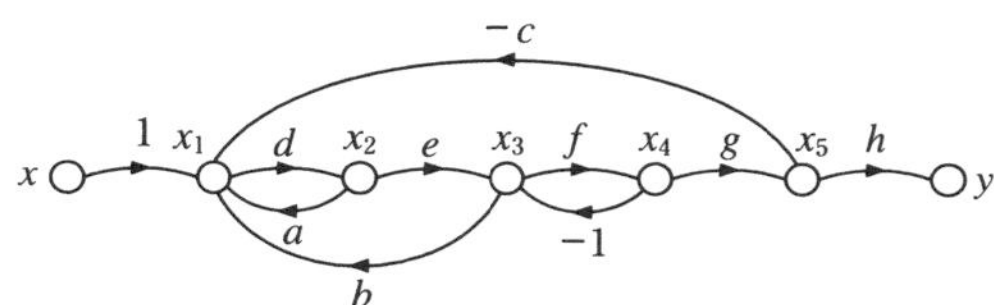

$\dfrac{y}{x}=\dfrac{defgh}{1+f-ad-bed+cdefg}$

2) 信号伝達線図を次に示す．

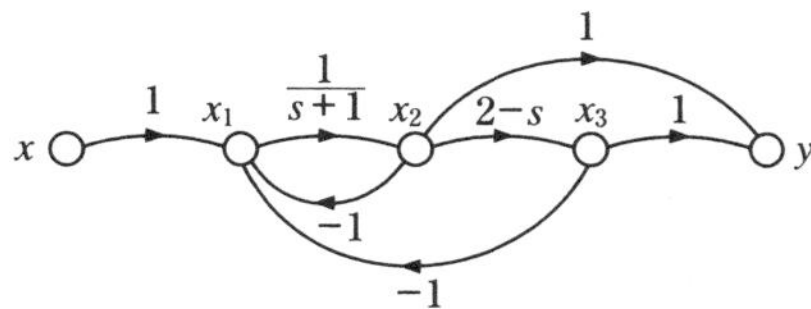

$\dfrac{y}{x}=\dfrac{3-s}{4}$

11. 省略

■第 4 章解答

1.

1)（1） 単位ステップ入力

$$y(t)=\frac{5}{4}e^{-\frac{t}{4}}$$

（2） 単位インパルス入力

$$y(t)=\frac{5}{4}\left(\delta(t)-\frac{1}{4}e^{-\frac{t}{4}}\right)$$

(3)　単位ランプ入力

$$y(t)=5\left(1-e^{-\frac{t}{4}}\right)$$

2) (1)　単位ステップ入力

$$y(t)=\frac{1}{4}-\frac{1}{7}e^{-\frac{t}{2}}-\frac{3}{28}e^{-4t}$$

(2)　単位インパルス入力

$$y(t)=\frac{1}{14}e^{-\frac{t}{2}}+\frac{3}{7}e^{-4t}$$

(3)　単位ランプ入力

$$y(t)=-\frac{9}{16}+\frac{1}{4}t+\frac{2}{7}e^{-\frac{t}{2}}+\frac{3}{112}e^{-4t}$$

3) (1)　単位ステップ入力

$$y(t)=\frac{1}{2}t+\frac{3}{4}(1-e^{-2t})$$

(2)　単位インパルス入力

$$y(t)=\frac{1}{2}(1+3e^{-2t})$$

(3)　単位ランプ入力

$$y(t)=\frac{1}{4}t(t+3)-\frac{3}{8}(1-e^{-2t})$$

4) (1)　単位ステップ入力

$$y(t)=\frac{5}{2}(1-2te^{-2t}-e^{-2t})$$

(2)　単位インパルス入力

$$y(t)=10te^{-2t}$$

(3)　単位ランプ入力

$$y(t)=\frac{5}{2}(t-1+te^{-2t}+e^{-2t})$$

2.

1)　過渡項　$y_d=4\left(e^{-t}-\frac{1}{5}e^{-2t}-\frac{9}{5}e^{-\frac{t}{3}}\right)$

定常項　$y_s=4$

2)　過渡項　$y_d=\frac{3}{4}\left(e^{-\frac{t}{8}}-e^{-\frac{t}{2}}\right)$

定常項　$y_s=0$

3.　$y(t)=\frac{K}{T}e^{-\frac{t}{T}}$ となることから

$$y(0)=\frac{K}{T}$$

$$y(T) = \frac{K}{T} e^{-1}$$

$$y(2T) = \frac{K}{T} e^{-2}$$

$$\vdots$$

$$y(nT) = \frac{K}{T} e^{-n}$$

ゆえに

$$\frac{K}{T} \quad \frac{K}{T} e^{-1} \quad \frac{K}{T} e^{-2} \quad \frac{K}{T} e^{-3} \cdots\cdots \frac{K}{T} e^{-n} \cdots\cdots$$

となる数列となる．よって，公比e^{-1}の等比数列となる．

4. 単位インパルス応答より伝達関数を求めると

$$G(s) = \frac{4}{(s+1)(s+4)}$$

となるため，インディシャル応答$y(t)$は

$$y(t) = 1 - \frac{4}{3} e^{-t} + \frac{1}{3} e^{-4t}$$

5. $$G(s) = \frac{6}{(s+2)(s+3)}$$

となり，インディシャル応答$y(t)$は

$$y(t) = 1 - 3e^{-2t} + 2e^{-3t}$$

6. **図1**のように片対数グラフを用いてT_1，T_2を求めると

$$y(t) = e^{-t} - \frac{9}{10} e^{-\frac{t}{5}}$$

の関数で表せる．よって

$$T_1 = 1\ \text{min},\ T_2 = 5\ \text{min}$$

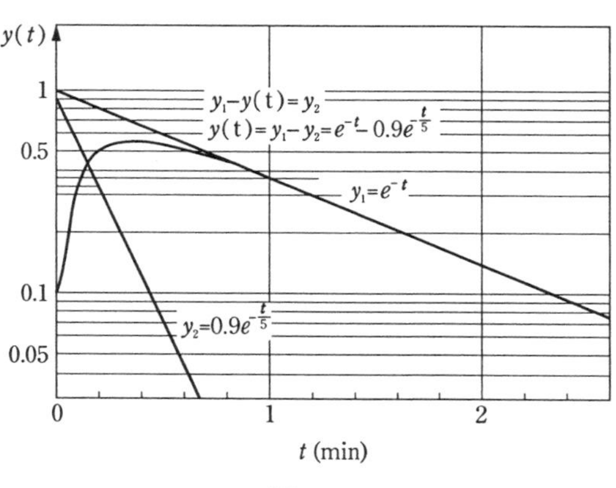

図1

7.

1)　$\zeta = 0.33$　　$M_1 = 0.33$　　$\gamma = 0.109$　　$\log_e \gamma = -2.22$　　$T = 2.22$

2)　$\zeta = 0.25$　　$M_1 = 0.445$　　$\gamma = 0.198$　　$\log_e \gamma = -1.62$　　$T = 1.62$

8. 1)　$|G(j\omega)|=\dfrac{5}{\omega\sqrt{1+4\omega^2}}$，　$\angle G(j\omega)=-\left(\dfrac{\pi}{2}+\tan^{-1}2\omega\right)$

2)　$|G(j\omega)|=\dfrac{\omega}{\sqrt{(4+\omega^2)(1+\omega^2)}}$，　$\angle G(j\omega)=\dfrac{\pi}{2}-\tan^{-1}\dfrac{\omega}{2}-\tan^{-1}\omega$

3)　$|G(j\omega)|=\dfrac{4\sqrt{4+\omega^2}}{\omega\sqrt{(1+16\omega^2)(16+\omega^2)}}$

$\angle G(j\omega)=\tan^{-1}\dfrac{\omega}{2}-\dfrac{\pi}{2}-\tan^{-1}4\omega-\tan^{-1}\dfrac{\omega}{4}$

4)　$|G(j\omega)|=\dfrac{10}{\omega\sqrt{25+\omega^2}}$，$\angle G(j\omega)=-0.2\omega-\dfrac{\pi}{2}-\tan^{-1}\dfrac{\omega}{5}$

9.

1)　**図 2** に示す．

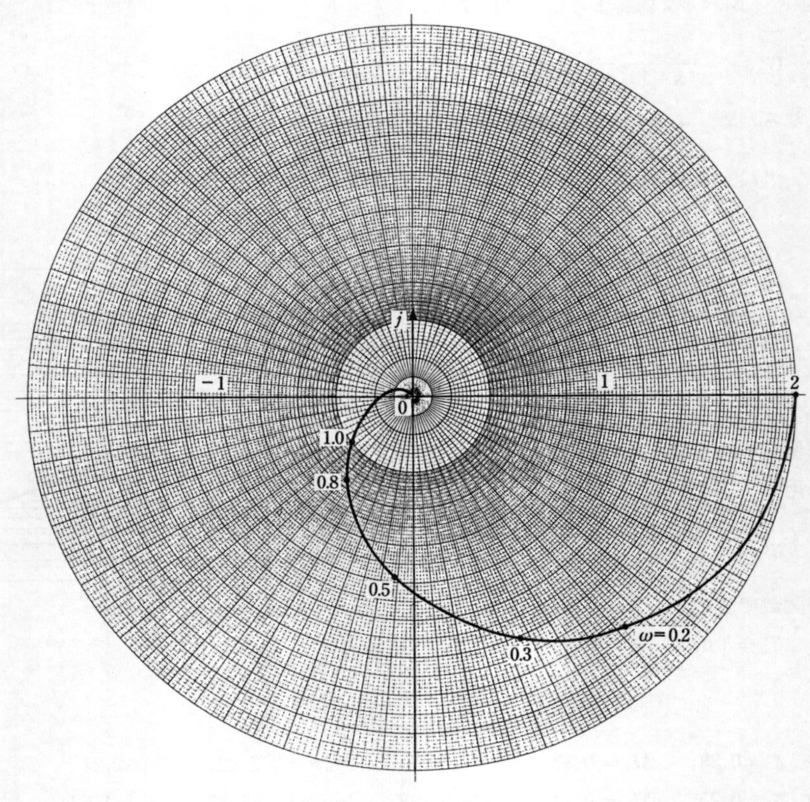

図 2

2)　**図 3** に示す.

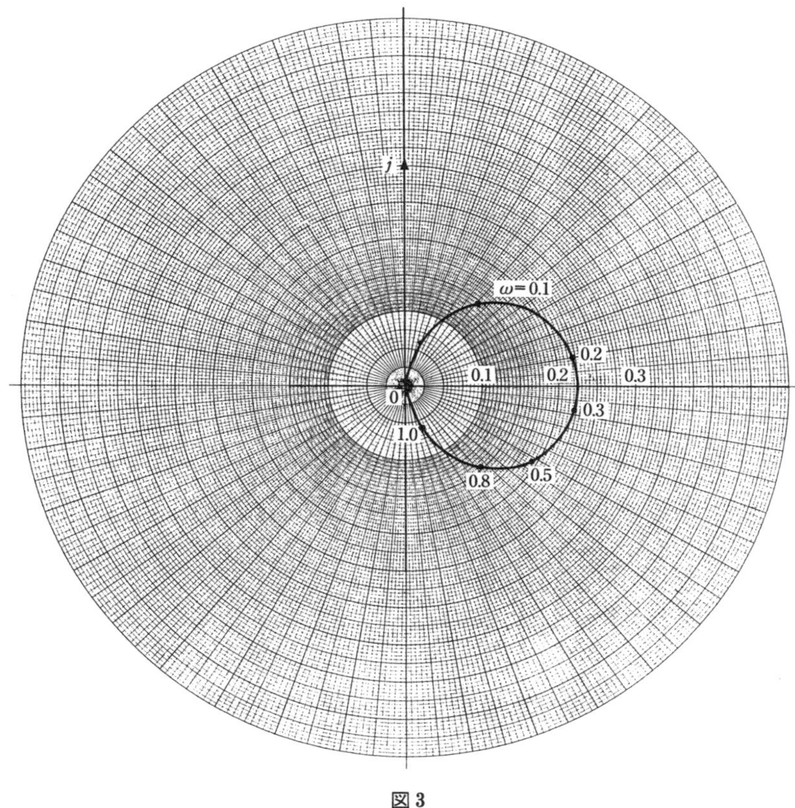

図 3

10.

1)　**図 4** に示す.

2)　**図 5** に示す.

11.　図 4•38 より　$G(s)=\dfrac{0.4}{s(s+1)}$

図 4•39 より　$G(s)=\dfrac{5s}{s+5}$

12.

1)　**図 6** に示す.

2)　**図 7** に示す.

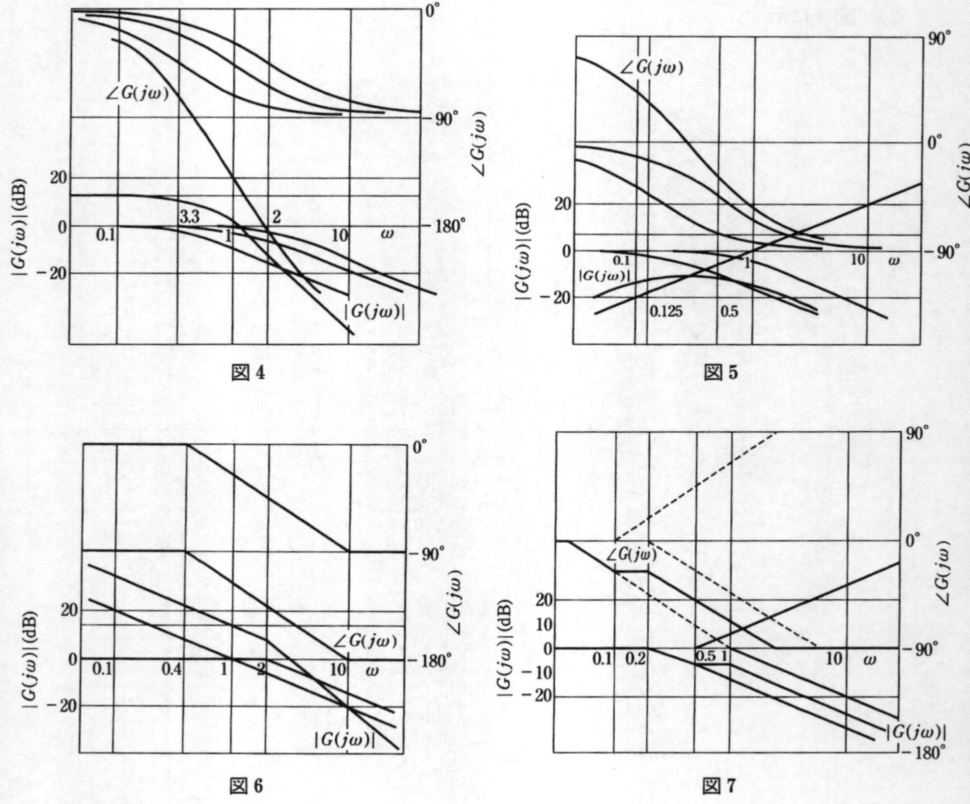

図4　図5　図6　図7

13.　省略

■第5章解答

1.

$$Y(s)=\frac{G(s)}{1+G(s)H(s)}\,R(s)+\frac{G_p(s)}{1+G(s)H(s)}\,D(s)$$

ただし，$G(s)=G_c(s)G_p(s)$

偏差 $E(s)$ について求めると

$$E(s)=R(s)-H(s)Y(s)$$

$$=\frac{1}{1+G(s)H(s)}\,R(s)-\frac{H(s)G_p(s)}{1+G(s)H(s)}\,D(s)$$

となることより，題意の条件を考慮に入れると外乱の影響を除去できることになる．

2.

1)

(1)　単位ステップ入力

$$y(t)=\frac{5}{6}(1-e^{-6t})$$

(2)　単位インパルス入力

$$y(t)=5e^{-6t}$$

2)

(1)　単位ステップ入力

$$y(t)=\frac{1}{2}+\frac{1}{5}e^{-\frac{t}{8}}-\frac{7}{10}e^{-2t}$$

(2)　単位インパルス入力

$$y(t)=-\frac{1}{40}e^{-\frac{t}{8}}+\frac{7}{5}e^{-2t}$$

3)

(1)　単位ステップ入力

$$y(t)=\frac{2}{27}\left\{1+\frac{3\sqrt{6}}{2}e^{-5t}\sin(\sqrt{2}\,t+\phi)\right\}$$

$$\phi=-\tan^{-1}\frac{\sqrt{2}}{5}$$

(2)　単位インパルス入力

$$y(t)=\sqrt{2}\,e^{-5t}\sin\sqrt{2}\,t$$

4)

(1)　単位ステップ入力

$$y(t)=1-\frac{5}{6}e^{-t}-\frac{3}{2}e^{-3t}+\frac{4}{3}e^{-4t}$$

(2)　単位インパルス入力

$$y(t)=\frac{5}{6}e^{-t}+\frac{9}{2}e^{-3t}-\frac{16}{3}e^{-4t}$$

3.

$\zeta=0.25$　$M_1=0.445$　$t_1=0.32\,\mathrm{s}$　$\gamma=0.2$　$T_s=1.6\,\mathrm{s}$

4.

1)　0　2)　∞　3)　0　4)　$\dfrac{1}{k}$

5.

1)　$\dfrac{33}{13}$　2)　∞　3)　$-\dfrac{23}{13}$

6. ＜ヒント＞

$$W(j\omega)=\frac{G(j\omega)}{1+G(j\omega)}=M(\omega)e^{j\phi(\omega)}$$

とおくと，**図8**より

$$\overrightarrow{0\mathrm{P}}=G(j\omega)\qquad \overrightarrow{\mathrm{AP}}=\overrightarrow{\mathrm{A}0}+\overrightarrow{0\mathrm{P}}=1+G(j\omega)$$

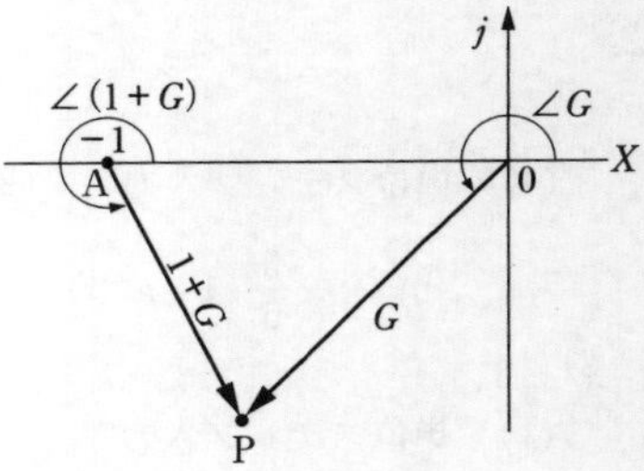

よって

$$\frac{\overrightarrow{0\mathrm{P}}}{\overrightarrow{\mathrm{AP}}}=\frac{G(j\omega)}{1+G(j\omega)}$$

図8

となることより

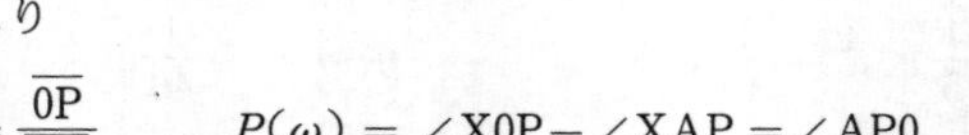

$$M(\omega)=\frac{\overline{0\mathrm{P}}}{\overline{\mathrm{AP}}}\qquad P(\omega)=\angle \mathrm{X0P}-\angle \mathrm{XAP}=\angle \mathrm{AP0}$$

よって

$G(j\omega)=x+jy$ とおき

$$M(\omega)=\left|\frac{G(j\omega)}{1+G(j\omega)}\right|=\left|\frac{x+jy}{1+x+jy}\right|$$

となることから，実数部，虚数部をそれぞれ求めることにより証明できる.

7. 省略

8. ボード線図は**図9**，M–α 軌跡は**図10**，ニコルズ線図は**図11**，直接フィードバックシステムの周波数特性を**図12**にそれぞれ示す.

9. **図13**の直接フィードバックシステムの周波数特性より

$$M_p=2.0\ \mathrm{dB}\qquad \omega_p=4.5\ \mathrm{rad/s}\qquad \omega_b=7.6\ \mathrm{rad/s}$$

となる.

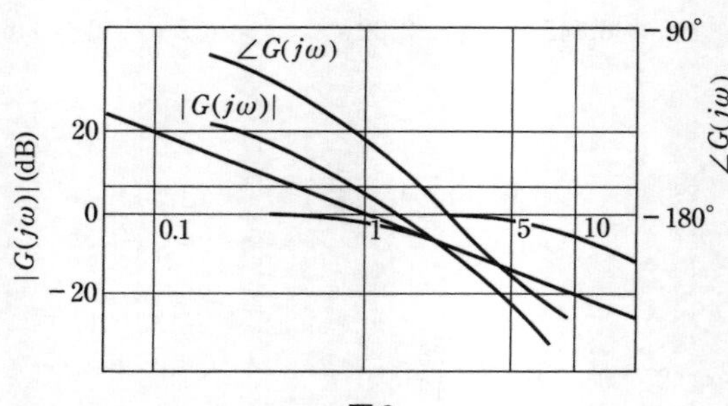

図9

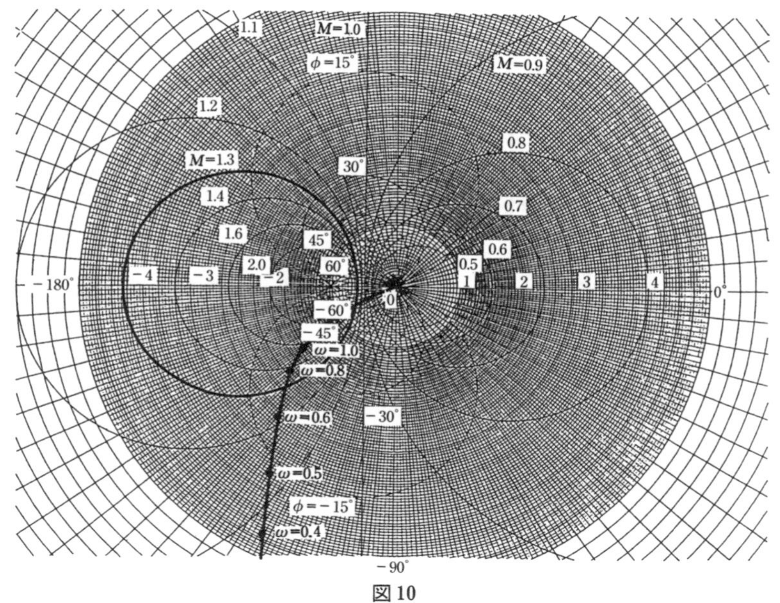
M=1.0
1.1
φ=15°
M=0.9
1.2
0.8
M=1.3
30°
1.4
0.7
1.6
45°
0.6
2.0
60°
0.5
−180°
−4
−3
−2
1
2
3
4
0°
0
−60°
−45°
ω=1.0
ω=0.8
ω=0.6
−30°
ω=0.5
φ=−15°
ω=0.4
−90°

図 10

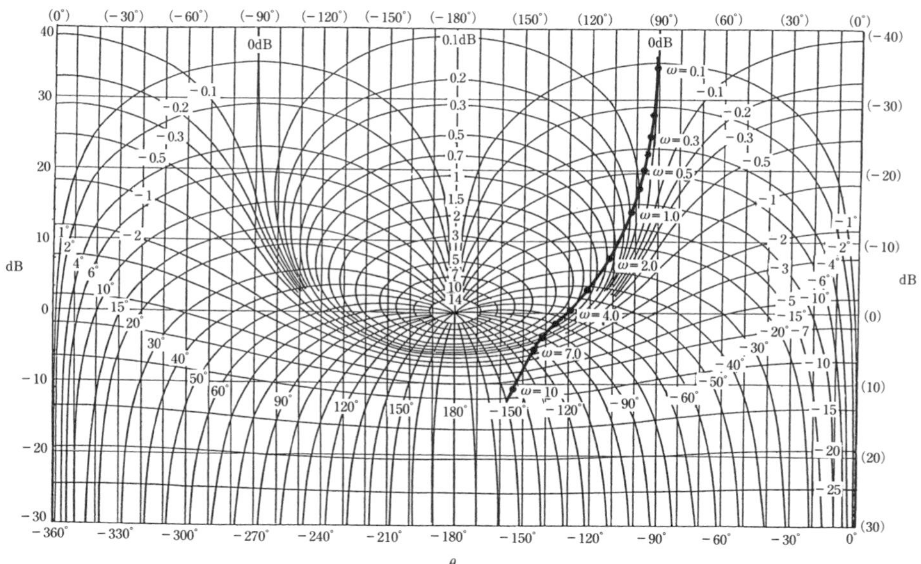
dB
θ
0dB
0.1dB
ω=0.1
ω=0.3
ω=0.5
ω=1.0
ω=2.0
ω=4.0
ω=7.0
ω=10

図 11

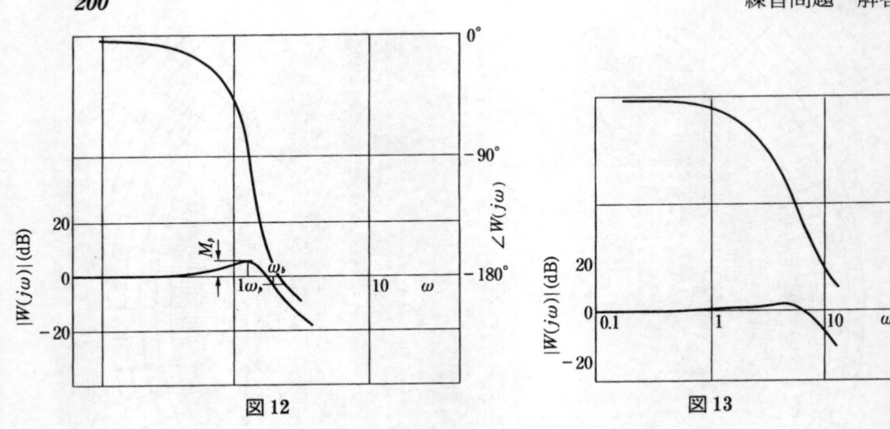

図 12　　図 13

10.　図 14 は前回の直接フィードバックシステムのニコルズ線図である．ゲイン−位相曲線は $M_p = 1.5\,\mathrm{dB}$ で接していることから，題意の条件を満たすためには，ゲイン−位相曲線を約 2 dB 下方向へ平行移動すればよい．よって

$$20\log K = -2\mathrm{dB} \qquad K \fallingdotseq 0.8$$

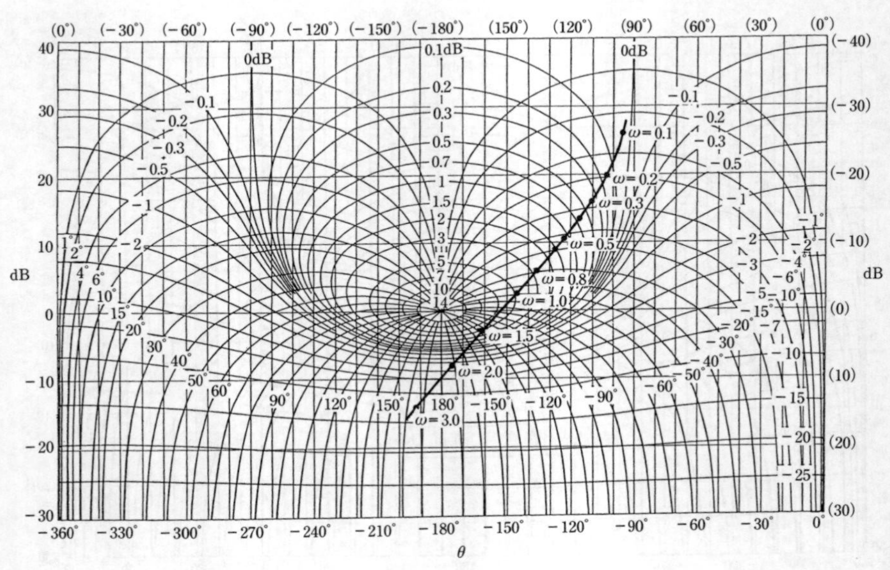

図 14

■第6章解答

1.

1）　不安定　　2）　安定　　3）　安定

4）　不安定　　5）　不安定　　6）　不安定

2.

1）　$-1 < K < 5$　　2）　$0 < K < 4$　　3）　安定化不可能

4）　$K > \dfrac{13}{2}$　　5）　$K < \dfrac{20}{3}$

3.

1）　$K = 150$　　2）　$K \fallingdotseq 25$

4.　$0 < K < 0.21$

5.　$K > 0$

6.

1）　不安定，不安定根の数は2個

2）　不安定，不安定根の数は2個

3）　不安定，不安定根の数は2個

4）　不安定，不安定根の数は2個

7.　図6•16（a）のブロック線図の特性方程式は

$$8s^4+46s^3+67s^2+32s+4.5=0$$

となり，安定となる．

図6•16（b）のブロック線図の特性方程式は

$$10s^4+52s^3+50s^2+(8+K)s+2K=0$$

となり，安定なシステムは $K > 6.6$ の場合となる．

8.

1)　**図 15** より安定

2)　**図 16** より不安定

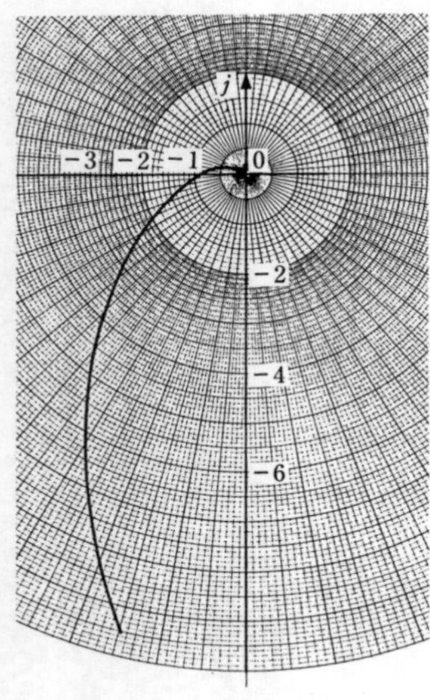

図 15

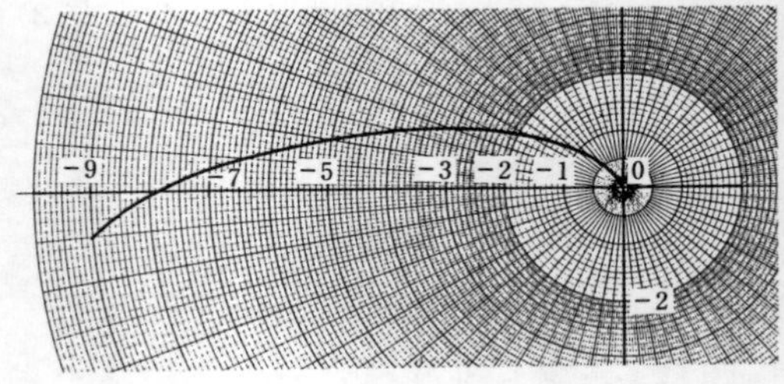

図 16

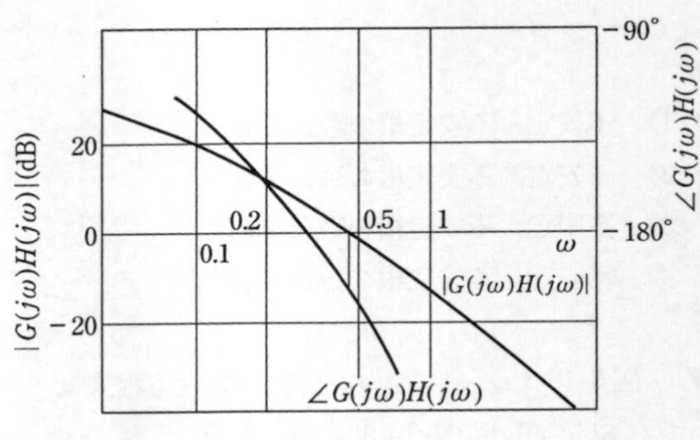

図 17

9.

1)　**図 17** より

$20 \log K = 3\,\mathrm{dB} K \fallingdotseq 1.4$

2)　**図 18** より

$$20 \log \frac{K}{4} = -18\,\mathrm{dB}$$

$$K \fallingdotseq 0.5$$

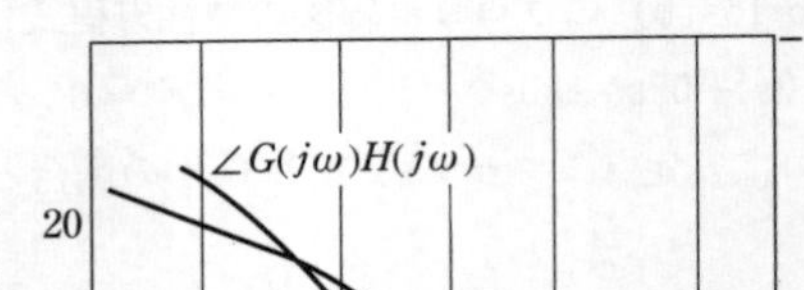
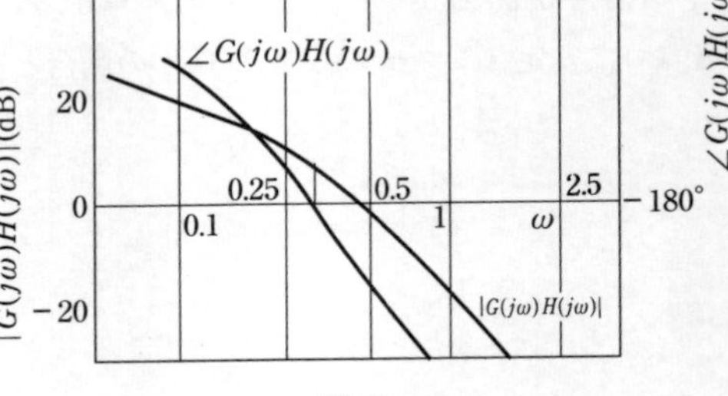

図 18

■第7章解答

1.

1)

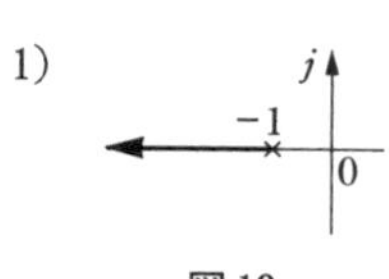

図 19

2)　$y(t)=\frac{6}{7}(1-e^{-7t})$

2.

1)

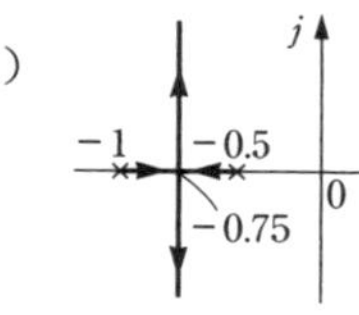

図 20

2)

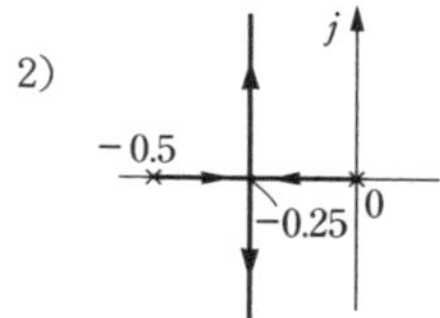

図 21

3)

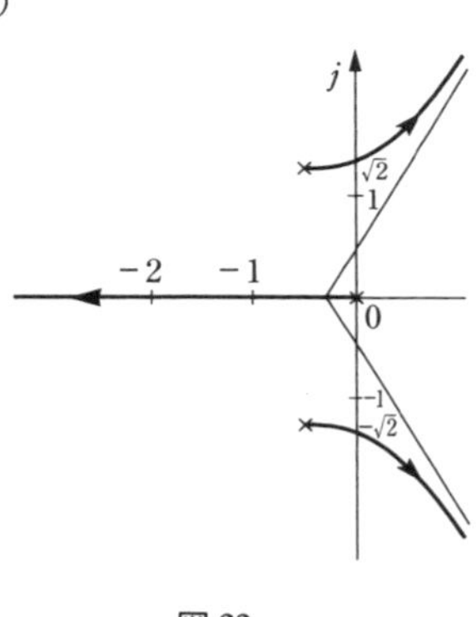

図 22

4)

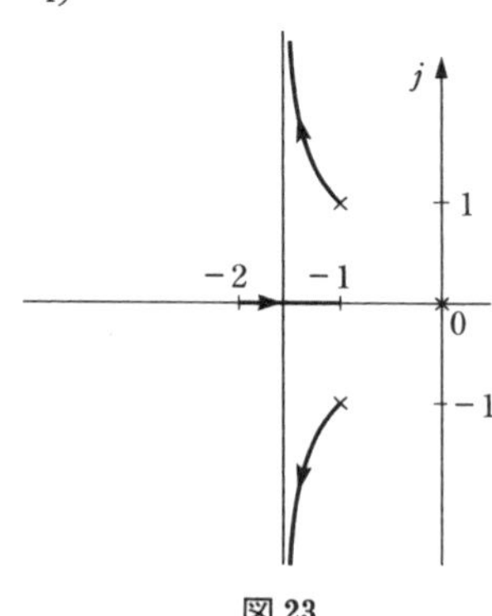

図 23

5)

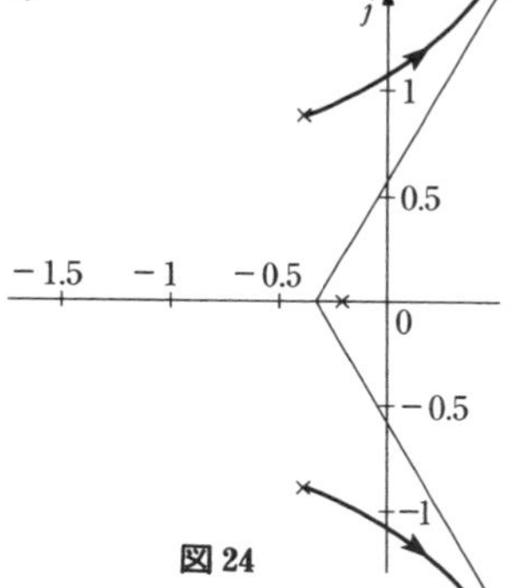

図 24

3.　$\zeta=0.4$　　　$\alpha\fallingdotseq 0.44$

4.

1)　$K=200$　　3)　$K=30$

2)　**図 25** に示す.　　4)　$\frac{30}{s^3+10s^2+20s+30}$

5.　**図 26** に示す.

6.　**図 27** より $K=6$

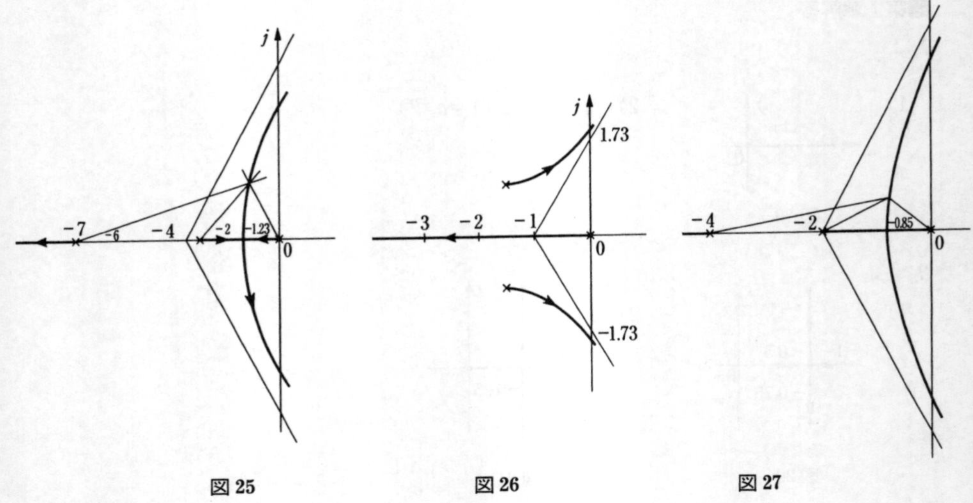

図 25　　図 26　　図 27

■第 8 章解答

1. 図 28 のボード線図より

$20 \log K = 23$ dB　　　$K \fallingdotseq 14$

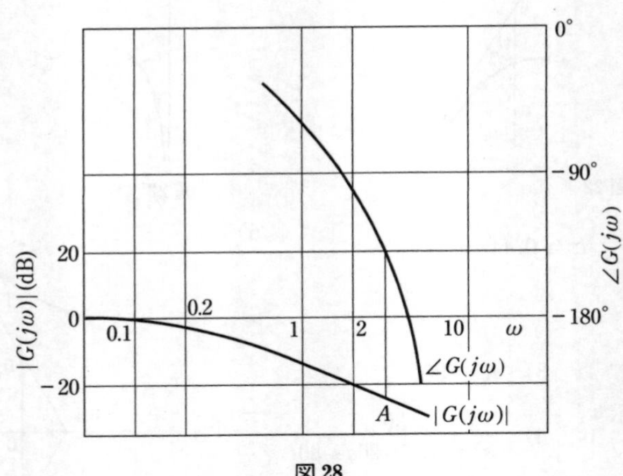

図 28

2.　**図 29** より上方向へ 20 dB 平行移動させる.

$20\log K = 20\ \text{dB} \qquad K = 10$

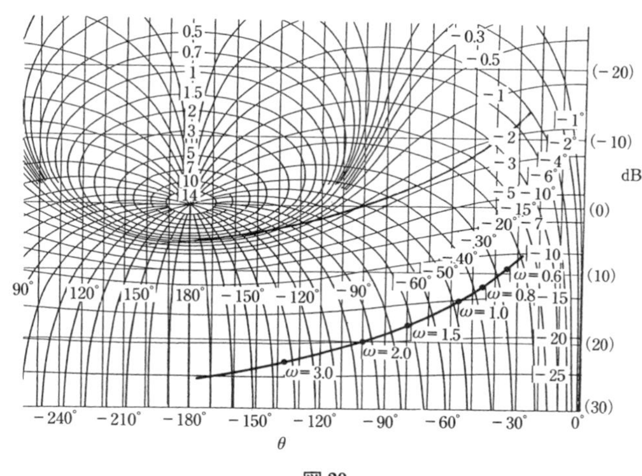

図 29

3.　**図 30** のボード線図より，**図 31** のニコルズ線図を描き，$M_p = 1.3$ とするゲインを求めると

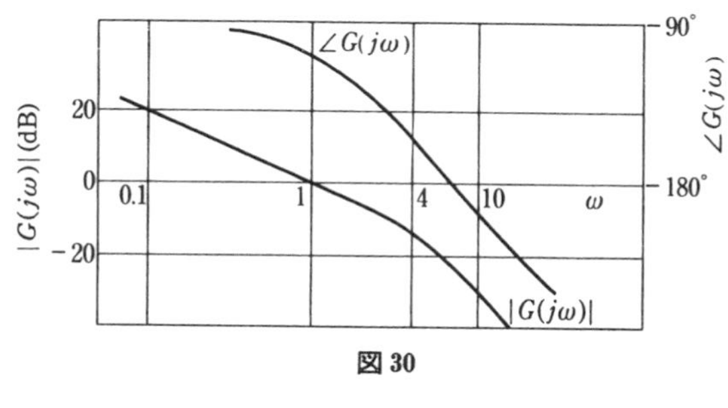

図 30

$20\log K = 7\ \text{dB} \qquad K \fallingdotseq 2.2$

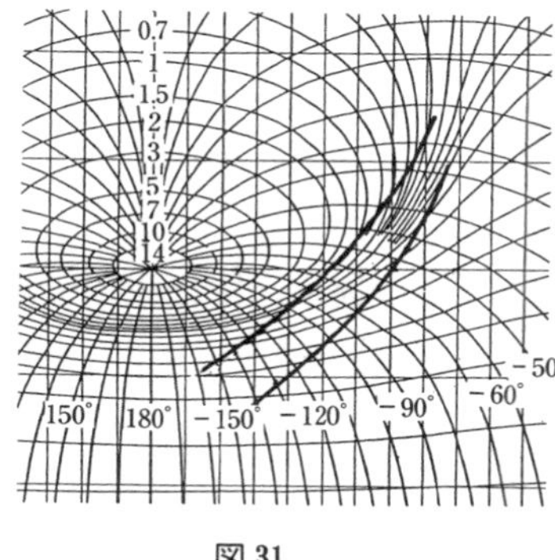

図 31

4.　＜ヒント＞

$s = j\omega$ を代入，$\dfrac{\omega}{\omega_n} = a$ とおくと

$$M(\omega) = \frac{1}{\sqrt{(1-a^2)+(2\zeta a)^2}}\ ,\ \phi = -\tan^{-1}\frac{2\zeta a}{1-a^2}$$

を得る．a で微分し，最大になるときの条件を求めることにより証明できる.

5. $K \fallingdotseq 0.313$，0.45 倍

6. 表 8･7 の行き過ぎ量なしの場合に対応

動 作	K_P	T_I (s)	T_D (s)
P	1.3	∞	0
P+I	1.6	3.5	0
P+I+D	2.7	2.9	0.5

7. 一巡伝達関数 $G_C(s)G(s) = s\dfrac{0.4K(1+2s)}{(1+0.8s)(1+10s)}$ となり，位相余裕 30° となるときの $\omega = 0.82\,\mathrm{rad/s}$ になる．

よって

$20 \log K = 18.5\,\mathrm{dB} \qquad K \fallingdotseq 8.4$

8.

1) $K \geqq 10$ 2) $G_C(s) = \dfrac{0.7(1+0.18s)}{1+0.13s}$

9.

1) $K \geqq 5$ 2) $G_C(s) = \dfrac{1+3.3s}{1+5.2s}$

10. キルヒホッフの電圧則と電流則より

$$e_i = R_1 i_1 + e_o \qquad e_i = \frac{1}{C_1}\int i_2\,dt + e_o$$

$$e_o = R_2 i + \frac{1}{C_2}\int i\,dt \qquad i = i_1 + i_2$$

となる．上式から i，i_1，i_2 を消去すれば求められる．

11. $G'(s) = \dfrac{G_{p_2}(s)}{1+G_{p_2}(s)G_c(s)} = \dfrac{1}{\dfrac{1}{G_{p_2}(s)}+G_c(s)}$

条件より

$$G'(s) = \frac{1}{G_c(s)}$$

$$G_c(s) = \frac{T_2 s}{T_1 T_2 s^2 + (T_1 + T_2 + T_{12})s + 1}$$

ただし，$T_1 = C_1 R_1$，$T_2 = C_2 R_2$，$T_{12} = C_1 R_2$

$$\frac{1}{G_c(s)} = T_1 s + \left(1 + \frac{T_1}{T_2} + \frac{T_{12}}{T_2}\right) + \frac{1}{T_2 s}$$

$$= \left(1 + \frac{T_1}{T_2} + \frac{T_{12}}{T_2}\right) + \frac{1}{T_2 s} + T_1 s$$

$$= K_c \left(1 + \frac{1}{T_I s} T_D s\right)$$

ただし

$$K_c = 1 + \frac{T_1}{T_2} + \frac{T_{12}}{T_2},\ T_I = T_1 + T_2 + T_{12},\ T_D = \frac{T_1 T_2}{T_1 + T_2 + T_{12}}$$

索　引

【タ行】

【ナ行】

MEMO

MEMO

MEMO

MEMO

MEMO

■ 著者紹介

加藤　隆（かとう　たかし）

1973年　工学院大学大学院機械工学専攻課程修了
　　　　工学院大学機械システム工学科教授
　　　　工学博士

専　攻　制御工学，ロボット工学

著　書　機械技術者のための マイクロコンピュータ入門（日本理工出版会）
　　　　システム制御工学（日本理工出版会）

- 本書籍は，日本理工出版会から発行されていた『制御工学テキスト』をオーム社から発行するものです．

制御工学テキスト

2022 年 9 月 10 日　　第 1 版第 1 刷発行
2023 年 9 月 20 日　　第 1 版第 2 刷発行

著　者　加藤　隆
発行者　村上和夫
発行所　株式会社 **オーム**社
　　　　郵便番号　101-8460
　　　　東京都千代田区神田錦町 3-1
　　　　電話　03(3233)0641(代表)
　　　　URL　https://www.ohmsha.co.jp/

印刷・製本　平河工業社
ISBN978-4-274-22934-3　Printed in Japan